SCIENCE

科学原来这样美
QINGSHAONIAN AI KEXUE
李慕南　姜忠喆◎主编〉〉〉〉

KEXUE YUANLAI ZHEYANGMEI

及科学知识，拓宽阅读视野，激发探索精神，培养科学热情。

头脑风暴

U0742257

吉林出版集团

北方妇女儿童出版社

图书在版编目(CIP)数据

头脑风暴 / 李慕南,姜忠喆主编. —长春:北方
妇女儿童出版社,2012.5(2021.4重印)
(青少年爱科学.科学原来这样美)
ISBN 978－7－5385－6291－0

Ⅰ.①头… Ⅱ.①李… ②姜… Ⅲ.①思维科学－青
年读物②思维科学－少年读物 Ⅳ.①B80－49

中国版本图书馆 CIP 数据核字(2012)第 061595 号

头脑风暴

出 版 人	李文学	
主　　编	李慕南　姜忠喆	
责任编辑	赵　凯	
装帧设计	王　萍	
出版发行	北方妇女儿童出版社	
地　　址	长春市人民大街 4646 号 邮编 130021	
	电话 0431－85662027	
印　　刷	北京海德伟业印务有限公司	
开　　本	690mm × 960mm　1/16	
印　　张	13	
字　　数	198 千字	
版　　次	2012 年 5 月第 1 版	
印　　次	2021 年 4 月第 2 次印刷	
书　　号	ISBN 978－7－5385－6291－0	
定　　价	27.80 元	

前　言

　　科学是人类进步的第一推动力,而科学知识的普及则是实现这一推动力的必由之路。在新的时代,社会的进步、科技的发展、人们生活水平的不断提高,为我们青少年的科普教育提供了新的契机。抓住这个契机,大力普及科学知识,传播科学精神,提高青少年的科学素质,是我们全社会的重要课题。

　　一、丛书宗旨

　　普及科学知识,拓宽阅读视野,激发探索精神,培养科学热情。

　　科学教育,是提高青少年素质的重要因素,是现代教育的核心,这不仅能使青少年获得生活和未来所需的知识与技能,更重要的是能使青少年获得科学思想、科学精神、科学态度及科学方法的熏陶和培养。

　　科学教育,让广大青少年树立这样一个牢固的信念:科学总是在寻求、发现和了解世界的新现象,研究和掌握新规律,它是创造性的,它又是在不懈地追求真理,需要我们不断地努力奋斗。

　　在新的世纪,随着高科技领域新技术的不断发展,为我们的科普教育提供了一个广阔的天地。纵观人类文明史的发展,科学技术的每一次重大突破,都会引起生产力的深刻变革和人类社会的巨大进步。随着科学技术日益渗透于经济发展和社会生活的各个领域,成为推动现代社会发展的最活跃因素,并且成为现代社会进步的决定性力量。发达国家经济的增长点、现代化的战争、通讯传媒事业的日益发达,处处都体现出高科技的威力,同时也迅速地改变着人们的传统观念,使得人们对于科学知识充满了强烈渴求。

　　基于以上原因,我们组织编写了这套《青少年爱科学》。

　　《青少年爱科学》从不同视角,多侧面、多层次、全方位地介绍了科普各领域的基础知识,具有很强的系统性、知识性,能够启迪思考,增加知识和开阔视野,激发青少年读者关心世界和热爱科学,培养青少年的探索和创新精神,让青少年读者不仅能够看到科学研究的轨迹与前沿,更能激发青少年读者的科学热情。

　　二、本辑综述

　　《青少年爱科学》拟定分为多辑陆续分批推出,此为第二辑《科学原来这样美》，以"美丽科学，魅力科学"为立足点，共分为10册，分别为：

1.《头脑风暴》

2.《有滋有味读科学》

3.《追寻科学家的脚步》

4.《我们身边的科学》

5.《幕后真相》

6.《一口气读完科普经典》

7.《神游未知世界》

8.《读美文，学科学》

9.《隐藏在谜语与谚语中的科学》

10.《名家笔下的科学世界》

三、本书简介

　　本册《头脑风暴》全方位地展示科学创新发展的方方面面以及科学家的完整形象，尽量避免像教科书那样平铺直叙地展现科学技术的"一般知识"。本书用或波谲云诡、动人心魄，或悬念迭起、引人入胜，或山重水复、云遮雾障，或柳暗花明、烟消日出的故事，让读者在轻松阅读的同时，领略到科学创新的神奇魅力。本书精选古今中外最生动有趣的创新故事近百则，再现大发明家、大科学家的发明发现新思路，同时以全新的视野展示生活中的新观念、新方法，开拓孩子的思维，给孩子智慧的启迪，让孩子尽情体验创造的乐趣！本书内容涉及古往今来的发明创造，以及生活中的新观念、新方法，用一个个生动的小故事告诉大家，什么是创新？如何创新？为了创新我们需要具备哪些素质？看了此书，你就会知道，创新其实和我们日常的生活息息相关。本书选材精良，切入巧妙，希望在快乐的阅读中，给大家带来启迪。

　　本套丛书将科学与知识结合起来，大到天文地理，小到生活琐事，都能告诉我们一个科学的道理，具有很强的可读性、启发性和知识性，是我们广大读者了解科技、增长知识、开阔视野、提高素质、激发探索和启迪智慧的良好科普读物，也是各级图书馆珍藏的最佳版本。

　　本丛书编纂出版，得到许多领导同志和前辈的关怀支持。同时，我们在编写过程中还程度不同地参阅吸收了有关方面提供的资料。在此，谨向所有关心和支持本书出版的领导、同志一并表示谢意。

　　由于时间短、经验少，本书在编写等方面可能有不足和错误，衷心希望各界读者批评指正。

本书编委会

2012 年 4 月

目　　录

误把新娘当动物

如果要问，谁是俄国第一位诺贝尔奖的得主，可能很多人并不知道；但要提起巴甫洛夫（1849～1936）以及他的"条件反射"说，也许不知道的人很少。他就是俄国第一位荣获诺贝尔奖的人——1904年，他因在消化生理研究中的重大贡献获得诺贝尔医学和生理学奖。生理学家获此殊荣，他是世界上第一个。

"得来全不费工夫"只是一个美丽的愿望。巴甫洛夫的成功也是"忘我"的结果，下面这则故事可见他"忘"到什么地步。

在巴甫洛夫的实验室，为了研究动物的条件反射，绑满了各种各样的动物：狗、兔、鸡、青蛙、老鼠……成天在实验室里进行实验研究的巴甫洛夫，没有时间与他的未婚妻西玛·卡尔捷尔捷夫斯卡娅会面，两人只是默默地相爱着。终于有一天晚上，他抽出一点难得的时间，约定与西玛会面。西玛如约来到实验室，巴甫洛夫连忙迎上前去亲热接吻、拥抱，随即拉着她的手，把她往缚有各种动物的实验架上捆绑。西玛原来以为他是在开一个科学玩笑，便没有声张；及至巴甫洛夫进入"角色"、动了"真格"，要把她当成动物做实验时，才知道巴甫洛夫并非为了闹着玩。这时她才大声呼叫，提醒他："我是西玛，是您的未婚妻，不是做实验的动物！"这

时，他才大梦方醒，赶忙把她从实验架上解下来。

由这一故事可以看出，巴甫洛夫对科学实验、研究到了何等忘我、痴迷的地步！"书痴者文必工，艺痴者技必良"，巴甫洛夫的忘我和痴迷，是他成功的主要原因。

痴迷和忘我可以认为是勤奋的最高境界。而巴甫洛夫的勤奋不是偶然形成的，也不是表现在一时一事上。

1849 年 9 月 14 日，他出生于俄国中部梁赞镇一个穷教区的牧师之家，家境贫寒。为了全家生计，父亲除做牧师公务外，还得在田间地头劳动；母亲除料理家务外，还时常当富贵之家的佣人。巴甫洛夫从小就在勤劳、正直、性格开朗的父母的熏陶下，养成了勤劳这一他终身受益的好习惯。同时，自幼的艰辛锤炼了他强健的体魄和充沛的精力，以致他在其后极端艰难、繁忙的工作中能应付自如，活到 87 岁。他成为著名科学家后，还经常怀着感激之情回忆他的父亲——他一生道路上不仅仅是在学习上的第一位启蒙老师。1870 年，中学未毕业的巴甫洛夫就以优异成绩考入彼得堡大学博物系生理学部。异常勤奋使他获得学校的奖学金。正是由于这点为数不多的奖学金，才维持了他在学校的最低生活。1877 年，巴甫洛夫自费去德国进修一年。回国后，他应俄国著名医学家彼·鲍特金教授之邀，在鲍特金的诊所里用浴室改建的简陋的实验室里工作，直到 1890 年。正是巴甫洛夫这 10 多年的勤奋工作，使他为自己日后的成功打下了坚实的基础。

巴甫洛夫的勤奋持续了一生。甚至在他逝世前 6 天——1936 年 2 月 21 日，他还以 87 岁的高龄在草拟 1936 年的工作计划，这时他已是一个肝病病人！

巴甫洛夫的一生并非一帆风顺。家庭贫困，经济拮据，甚至结婚后为了节省开支把夫人送到在乡下的姐姐家住，竞选彼得堡大学生理学教授时的失败，晚年的肝病肺炎，都没能阻止这位科学巨人向前迈进。

巴甫洛夫鹊起于 19 世纪 90 年代。1890 年，他被任命为军事医学院药理学教授，1895 年又转为医学院任生理学教授，还先后被选为托姆斯克大学和华沙大学的药理学教授。他 1897 年出版的《关于主要消化腺工作讲义》一书引起了世界性的瞩目，成了生理学研究的指南著作。他于 1891 年起兼任新成立的实验医学研究所生理学部主任，他和这个实验室的声誉达到这种程度：不少学者宁愿不要报酬也要到他的实验室工作，先后到 300 多位生理学家和医学家到过这里工作。

巴甫洛夫是动物和人类高级神经活动学说的创立者。他 1927 年出版的《大脑两半球工作讲义》这一不朽名著被世界各国译介，1949 年被译成中文。

巴甫洛夫的工作得到过伟大的革命导师列宁及革命政权的帮助和支持。1921 年 1 月 24 日，列宁签署了一项旨在保证他和同事顺利进行科研的决议；1923 年他的另一部浸透几十年研究心血的著作《二十年来对动物进行高级神经活动的客观研究的实验》，也是在这种帮助和支持下才出版的。十月革命后的这些岁月，苏维埃政权百废待兴，经济相当困难，但对科技的重视和对科技人员的爱护却没打折扣，这充分体现出列宁的远见卓识。

巴甫洛夫临终前不久，给有志于献身科学的青年写了一封信，向青年提了三点要求：循序渐进、谦虚、热情。这也许比他的科学遗产更加重要，比苏联政府于他去世后在他家乡建的陈列馆、纪念碑或者 1949 年在他诞生 100 周年发行的纪念邮票更加永垂不朽。

失踪的新郎

1871 年，爱迪生 24 岁。这一年的圣诞节，他要举行隆重的婚礼。

平时的爱迪生，从来不注意自己的外表，衣服经常全是褶子，有的还被酸腐蚀出洞，皮鞋极少上油，手上常被化学物品染得五颜六色，头发有时也很零乱。

圣诞节这天早上起来，要做新郎官的爱迪生就把自己"包装"一番。他把头发打扮得油光发亮，衣服"焕然一新"，皮鞋也擦得锃亮。这时，一位朋友走了进来，看到爱迪生打扮得与平日判若两人，并在房间里不停地、焦急地来回踱步，便问他出了什么事。爱迪生回答说："我今天穿这身新衣服要去办一件很重要的事，但忘了是什么事。"朋友安慰他说："不要着急，慢慢想想。"爱迪生又来回踱步几分钟之后，忽然高兴得大叫起来："哦，我想起来了，今天我要去举行婚礼！"

下午两点，婚礼刚刚完毕，爱迪生就偷偷溜进了他的实验室。原来，这段时间他正在改进电报机，他要研究一种自动电报机，即使在结婚这一天他也放心不下他的电报机。一些客人要和他交谈，于是到处找他，但却不知道他到哪儿去了。直到晚上十点多，还没找到。只好派专人再去寻找，最后终于在晚上 12 点才在实验室里找到——他旁若无人，正在那里摆弄着他的电报机。

为什么爱迪生在结婚这天还放心不下他的电报机呢？这是他痴迷于试验的结果。在举行婚礼的时候，他的注意力仍在电报机上，他突然想到了解决自动电报机设计的方法，怕时间久了忘记，于是悄悄告诉新娘子，他要到实验室去一下。新娘子想到他不会耽误太久，就同意了，没想到他一去就是十来个钟头。

爱迪生只受过三年（一说三个月）正规教育，他之所以成为一位伟大的发明家，全靠他那"百分之九十九的汗水"。他的笔记本有300多本，每本200页；为了研制出实用的白炽灯，试过6 000多种金属材料和1 600多种非金属材料，在确认竹丝经碳化可作这种灯的灯丝之后，便派人到世界各地采回6 000多种竹子样品回国，最后确定采用日本八幡产的竹子作灯丝；为了试制一种新蓄电池，他用了9 000多种材料，失败了5万多次……这些都是他痴迷于科学研究发明的点滴故事。

对发明的痴迷和善于利用集体智慧使他得到发明大王的美誉。在他难以准确计数的发明中，实用白炽灯和它的一套完整的供电系统、活动电影机、录音机是他的"三大发明"。

1862年，15岁的爱迪生做了一件见义勇为的大事。他在火车来临的千钧一发之际，救下了一位后来才知道是车站站长的儿子的小孩，站长为了表达他的感激之情，教他学习收发电报的技术。从此，他开始交上好运。这使人自然联想起英国哲学家弗朗西斯·培根的名言："一个人具有许多细小优良的素质，最终都可能成为幸运的机会。"

爱迪生的第一个妻子在年轻时不幸去世，因此他结过两次婚，两个妻子都给他生了三个孩子。他的成功有一半也应归于他的非常有教养的第二个妻子。著名的编辑兼工程师托马斯·柯默福特·马丁曾在书中披露，爱迪生"没有什么其他爱好，从来不参加什么运动和娱乐，连生活上起码的卫生要求也完全不顾"，多亏他妻子"把照料爱迪生当作自己的一个生活目的。要不然，他由于这种马马虎虎的生活习惯，就得早死好多年……"

在婚礼那天"失踪"的新郎还不止爱迪生一个，就在爱迪生结婚之前22年即1849年5月末，法国斯特拉斯堡大学也出现过类似的一幕。客人们都等着巴斯德和该大学校长的女儿玛丽举行婚礼，但却不见巴斯德。一位熟悉他的朋友终于在实验室里找到了他。朋友责怪他说："新娘和朋友们都等急了，你怎么还不去？"巴斯德回答说："你疯了吗？我的朋友，你想让我的实验中途停下来吗？不，我得做完今天的实验再去参加婚礼。"他硬是等到研究晶体的实验取得圆满结果后，才去举行婚礼。好在玛丽很了解这位一见钟情后相爱的化学教授，并没有责怪他。29 岁的新郎巴斯德高兴地对她说："我像爱我的化学结晶体那样爱你！"

科学家们正是靠着不断的投入和痴迷，才取得一个又一个的成就，创造一个又一个人间奇迹。

一座"嘲笑无知"的建筑

近年，英国温泽市市政府大厅游人如织——人们是来参观这座名副其实的"嘲笑无知的建筑"的。

早在17世纪，著名的建筑师克里斯托·莱伊恩受命设计了温泽市市政府大厅。他应用工程力学的理论知识和多年的实践经验，巧妙地设计出了只用一根柱子支撑的大厅天花板。经过一年多的施工，大厅完成。市政府权威人士进行工程验收时，却说只用一根柱子支撑天花板，保障不了大厅的安全，责令莱伊恩再多加几根柱子。莱伊恩自信只用一根坚固的柱子足以保障大厅安全，便据理力争，并列举了相关的实例。不料，他的争辩惹恼了市政官员，险些被送上法庭。无奈，莱伊恩为了应付这些"权威人士"，只好在大厅内增加了四根柱子。

300多年过去了，市政府官员换了一任又一任，但一直未发现有什么异常，大厅的天花板至今也未出现任何险情。直到20世纪末，市政府准备修缮大厅的天花板时，才发现莱伊恩原来是个"弄虚作假"的高手。

原来，莱伊恩增加的4根柱子，实际上根本没有与天花板接触，只不过是为了应付这些愚昧无知的"权威人士"，装装样子糊弄他们而已。

这个300多年一直未被发现的"秘密"经当地新闻媒体曝光后，立即引起了世界各国建筑专家的兴趣，一些游客也慕名而来，想亲睹这座"嘲笑无知的建筑"。当地政府对他们的"前任"的失误也不加任何掩饰，在21世纪到来之际特意将大厅作为一个旅游景点对外开放，并专门招聘了几位年轻的姑娘做解说员，向游人介绍大厅的建筑历史和发现其中"秘密"的过程，旨在引导人们崇尚科学，相信科学。

莱伊恩德"冤案"也从此"平反"。

第一的故事

对现代人来说，从简单的电灯泡到复杂的电脑，早已司空见惯了。一些现代人难以想象的是，发明这"简单的"电灯，竟用了78年（1800～1878），被称为"伟大的发明"；而将它改进成现代形式，则又用了近50年！

是的，看着别人的发明发现，有时感到并不"伟大"，而是很平常、很简单——"我都能做出来！"，就是持这种看法的人的口头禅。是的，当别人做出来之后，事情就变得"简单"了，"不简单"的是"第一个"。爱迪生之前，许多人都想做"第一个"电灯，但都没做出实用的"第一个"。"第一个"只有一个——爱迪生1878年做出的那个。

下面就是一些"第一个"的故事。

看着螃蟹那张牙舞爪、丑陋无比的形态，也许你不敢去吃它，如果你不知道它可以吃的话。历史上肯定有一位"第一个"吃它的英雄——只不过他的姓名没有记载。于是，人们常将那些敢于冒险做"第一个"的人，叫做"吃螃蟹的英雄"。

不过，第一位吃西红柿的英雄却有记载。

西红柿又名番茄，原来生长在中南美洲墨西哥和秘鲁等地的丛林之中。由于它形态娇艳，所以十分惹人喜爱。观赏可以，却不敢吃它，因为当地人都怀疑它红红的颜色"不正常"，很可能"有毒"，还给它取了一个恶名"狼桃"。

到了16世纪，英国有一个公爵到南美洲旅行，就顺便带了几株回国，送给伊丽莎白女王，种植在皇家花园供人观赏。从此，也就有人把西红柿作为礼品赠送给朋友，但仍然没有谁敢尝它一口。

直到 18 世纪，它被传到法国时，一位法国画家却甘愿勇敢地冒生命危险，决心尝一尝它的滋味，验证它是否确实"有毒"。这位画家在吃西红柿之前，就作好了"充分"的准备，把衣服换成新的，嘱咐家人作好他可能死去的准备。他吃完西红柿之后，就躺在床上等待死亡。一个小时过去了，两个小时过去了，半天过去了，一天过去了……他还是安然无恙——西红柿没毒。

他后来告诉人们，西红柿的味道略酸且甜，很好吃。他首先吃西红柿成功的消息不胫而走，这位画家不是以他的画，而是以他的这个"第一"成为轰动欧洲的英雄的。从此，西红柿更加广泛地传播开来，不过这时已主要不是作为观赏品，而作为食品。由于这位英雄，今天人们才得以品尝西红柿的美味。

第三个"第一"是亚历山大的故事。公元前 333 年的冬天，马其顿的将军亚历山大率军进入亚洲一个叫果底姆（Gordium）城的地方。那里有一辆著名的战车，被一根山茱萸树皮编成的绳索牢牢拴住。当地人说，要是有人想取得统治世界的王位，他就必须把这个绳结解开。由于"世界的王位"的诱惑，许多聪明、强悍的勇士都来碰过运气，结果都铩羽而归。因为绳结盘旋缠绕、错综复杂，绳头也被隐藏在结的里面。亚历山大对此也有浓厚的兴趣，也希望打开它，但尝试了几个月，都失败了。终于有一天，他果断地抽出了利剑，一剑把绳结砍成两半，绳结被"解"开了。

这个"第一"是采用新的规则：不保持绳的完整。这个著名的故事告诉我们，当一种方法不能奏效时，不妨换一个角度思考，另立一个"规则"，也许这时就会柳暗花明。其实，发明新"规则"也并不"简单"，否则，为什么在亚历山大之前那么多人就没想出来呢？

没有想出来的还不止一个，当年讥笑、贬低哥伦布的大臣们就是。

1492 年 10 月 12 日，哥伦布率领的航船到达美洲巴哈马群岛中的一个小岛，这一天被视为他发现美洲大陆的日子。1493 年，他返回西班牙，受到群众的欢迎和王室的优待，但也遭到一些贵族、大臣的贬低、妒忌。

在一次宴会上，有人大声说："这并没有什么了不起，坐船一直往西行，

谁都能到达目的地。"哥伦布沉默着，等那些七嘴八舌讽刺、挖苦、贬低者最得意的时候，突然拿出一个鸡蛋来，说："谁能把它小头朝下立起来？"也许这些人对这突如其来的怪问题没有思想准备，大家面面相觑，不知所措。

正在他们乱作一团的时候，哥伦布拿起鸡蛋，尖头朝下，轻轻一磕，蛋壳尖头顶部被磕破了一点，蛋稳稳地立在桌上。

在场的人都惊呆了。不过有人很快发出"嘘嘘"声，说："鸡蛋打破了，不算数！""尊敬的先生们，我并没讲不能打破一点儿啊！"哥伦布说，"让一个鸡蛋立起来，本来就很简单，但你们却说不可能。当别人做出来时，你们又说这么简单，不算数，先生们，冷嘲热讽掩盖不了自己的愚蠢和无能！"这时，那些自以为聪明、贬低哥伦布的人无言以对了。

这第四个故事中有两个"第一"。这里我们顺便谈及哥伦布的身世。原来，人们以为他出生在意大利的热那亚，其实这是不对的。20 世纪 80 年代，葡萄牙历史学家马斯卡雷尼亚斯·巴雷托经过 14 年的研究后出的《哥伦布——葡萄牙国王唐·若奥二世的间谍》一书中说，哥伦布生于葡萄牙南部阿连特茹地区的库巴镇。但愿这本书提供的信息是准确的。

通过以上"第一个"的故事，我们认识到，凡事都是开头难，有人开了头，仿效很容易。我们不能像讽刺哥伦布的王公、大臣那样，贬低别人和别人的科学成就，而是老老实实学习别人的长处。这样，自己也可能变成"第一个"。

蔑视简单平凡是人生的大敌，是科研的大敌。出生在英国多塞特郡，死于伦敦的医学家西德纳姆（1624～1689）认为："只有意志薄弱者才会蔑视平凡简单的东西。"这话对我们不无裨益。

荒唐引出真理

我们知道，"永动机"是不可能被发明出来的，因为它违反了能量守恒定律。

能量守恒定律是大自然的基本规律之一，那它又是怎样得来的呢？能量守恒定律是研究荒唐的"永动机"引出来的。这真是一件使人"哭笑不得"的趣事：荒唐的"永动机"好似"母亲"，她生下"儿子"能量守恒定律后，"儿子"就将"母亲"判处"死刑"。

原来，在"永动机"面前屡战屡败，屡败屡战，迫使人们重视研究"能"的本质和各种能的相互转化和数量关系。这是非常自然的，"永动机"就是把一种能转化为另一种能，并永远不断提供能的"机器"。

"永动机热"冷于1775年巴黎科学院作出停审"永动机"论文决定之时。大多数人终于开始了冷静地思考。

仅仅过了20多年，生于美国的本杰明·汤姆逊（1753～1814，他更广为人知的名字是到英国去之后受封的伦福德伯爵）在1798年就发现，钻削金属时产生的热能使水沸腾。第二年，英国戴维（1778～1829）也发现，在真空中用钟表机件带动两块冰互相摩擦可以使冰融化为水。这把"'热质'和'燃素'一起埋在同一个坟墓中"的实验，显然已经将热能与机械能的转化联系在一起了。汤姆逊还由实验第一次提出了粗略的热功当量。接着在1800年意大利伏特发明电池后，人们又发现了电流的热、磁效应和其他电磁现象。这样，电、磁、热三种能之间关系的研究也开始了。此外，生物界也证明了动物维持体温和进行机械活动的能量与它摄取食物的化学能有关。这样，到了19世纪上半叶，人们已经初步认识到力、热、光、电、磁、化学能等各种能之间的转化和关联。

同时，这一时期小手工业向机械大工业过渡，各种动力设备的研究利用，促使人们从"永动机"不切合实际的幻想中摆脱出来，转而脚踏实地研究机器做功的能量来源和转换。

这样，由于"永动机"失败引出的教训，由于生产的实际需求对各种能的研究得到的成果，便奏响了发现能量守恒定律的序曲，接着便是 19 世纪上半叶能量守恒定律的创立和 19 世纪下半叶该定律得到公认。

这种由于人们的某个失误而导致另一成果诞生的现象，在科学史上并不鲜见。它给我们的有益启示是：自然界充满辩证法，我们不必为自己有时是难以避免的失误耿耿于怀。

能量守恒定律已被公认为真理。然而，真理是相对的且并非一成不变的。一些人认为，它是由大量实验得出的规律，而有些实验不能确立一个真理，因为没有严格的逻辑证明；特别是在微观领域，还需要更多的实验证实。因此，虽然至今人们尚未发现这一定律不成立或被修改的任何迹象，但如果有朝一日它被拓展、修改以致被推翻，我们丝毫也不应感到意外。1998 年有人就宣称已发现在接近绝对零度时光速可以变得很慢，接着 1999 年就测出了光速可慢至 17 米/秒。这等于动摇了爱因斯坦狭义相对论赖以生存的两个原理之一——光速不变原理的基础。此外，1962 年前后中国数学家华罗庚对狭义相对论的数学基础的研究、1960 年马修斯和桑德奇等发现类星体，及其后对类星体的子源向外膨胀速度可达 10 倍光速的研究，都认为超光速可能存在。连"光速不变"都可能被否定或修改，那又有什么不可能呢？

神奇的次声杀手

1890 年，新西兰一艘名为"马尔波罗"号的帆船驶往英国，两地的人都在耐心地等待着帆船胜利抵达的消息。然而，等待的人们失望了，船既没有到达目的地，也没有返回始发地——它失踪了。20 年后，在远离"马尔波罗"号船航线的火地岛岸边，人们发现了它。船上的一切好像正向人们暗示，有一种神奇而又可怕的力量，使它在瞬间进入了死亡的黑暗：船上的航海日记仍依稀可辨；船员虽已死亡，但仍各就其位；一个船员守在轮舵跟前，10 个值班员都在各自的工作岗位上，6 个船员在舱下休息，遗骸上仍有褴褛的衣服；船上其他物品，如食物、淡水也完好如初。

这一使人目瞪口呆的景象，让大家对该船遇难的一切猜测被一个个否定：既非死于火灾、雷击，也非死于海盗，更非死于饥饿干渴，那么，究竟谁是"凶手"呢？几十年来，这一直是一个奇怪的谜。

无独有偶。1948 年 2 月，一艘荷兰货船在马六甲海峡的海面上，也有过类似的遭遇。

后来，人们终于找到了这个神秘的凶手：次声。

虽然人耳听不到次声，但它们仍然与听得到的声音一样，具有机械能——声音就是机械振动在介质中的传播。这样，如果次声的频率与人体某部分（例如内脏）的固有频率相等时，它会使内脏产生剧烈的共振，使人出现烦躁、头痛、恶心、心悸、肝胃功能失调等症状，甚至内脏立即被震坏，使人丧命。研究表明，人体一些内脏的固有频率正好在次声的频率范围内。因此，人们认为，正是次声波杀死了"马尔波罗"号上的全体船员，其后，船随波漂流，到了火地岛岸边。

那么，这个凶手次声来自何处呢？来自海洋。海水翻波逐浪，其中就有包括次声在内的各种频率的振动，而当次声能量足够大时，它就成了杀人凶手了。

也正因为如此，军事科学家们已开始了多年的次声武器——次声炸弹的研究了。这种炸弹只伤人，不伤物，据说成功后可使方圆几十公里的人在瞬间死于非命，而建筑物等则完好如初。

1984 年，曾有几名法国"科学家"宣布他们发明了次声武器的报道，说只要开动它，就会使 10 公里内的人死亡。他们曾不小心误开动过它，结果毁灭了一个村庄。但奇怪的是，这几名"科学家"却安然无恙。这就使人怀疑报道的真实性了，因而有人则将这一消息列为"本世纪的十大科学骗局"之一。

1986 年 4 月的一天，法国马赛的一户居民正在吃饭，突然，一家 20 多口全部无声无息地悄然死去；与此同时，另一户正在田间劳作的 10 口之家也全部命归西天。据说，这是一家次声研究所的工作人员疏忽造成的一起次声事故，一位次声专家也因此死于非命。

不过，次声也是一把双刃剑。大暴风雨来临之前，就会产生很强的次声，水母能感到这种次声。1960 年，苏联发明家诺文斯基就仿水母耳制成了一种利用次声预报暴风雨的仪器，人们形象地把它称为"水母耳"，这是次声的"功劳"。

奇怪的偷银贼

动物会吃金属吗？会的，清朝康熙年间（1662～1722）吴震方写了一本叫《岭南杂记》的书，书中就记载了一则昆虫吃金属的故事。

1684年，一个官方银库发现银子少了几千两。"这还了得！"官员勃然大怒，以为是被盗贼偷走的，于是到处寻踪觅迹，捉拿盗贼。但几个月过去了，仍一无所获。上级官员要追查，又不能及时破案，这个官员终日惶恐不安。

不过，没过多久，"盗窃案"终于破了。原来，一个役吏在一堵墙壁下发现了一堆银白色的细粉，他对此感到奇怪，就用手扒开细粉，啊！原来是个白蚁窝。人们挖开白蚁窝，发现了许多白蚁。看着这数不清的白蚁和这些白色细粉，人们自然把它们与白银失窃案联系起来，怀疑白蚁就是偷银窃贼。于是搜遍官府的每一个角落，把所有的白蚁"捉拿归案"，并"绳之以法"——将它们投入炉中，处以火刑。白蚁被烧死以后，炉火将白蚁体内的白银熔炼了出来。经过称量，只比原来少了约1/10。案件终于被侦破了。

无独有偶，在外国也曾发现过类似事件。在某国的王宫里，发现有150两银子被盗，掌管仓库的司库被怀疑。其他人又没仓库的钥匙，于是司库有口难辩，被处以死刑。虽然司库被斩，但白银仍照样被盗——半个月后，又发现少了100两银子。这使国王更加怒不可遏，结果新司库和全体保卫人员一起被斩。

人是斩了，但此事在王宫里引起

了一片恐慌，因为盗贼是如此高明，以致严密把守和大门紧锁也无济于事。一个个司库被杀之后，无人敢干这个差事。在这种情况下，国王只好以黄金千两为赏，招贤捉拿盗贼。一位穷学士揭下招贤榜后，很快捉到了盗贼——不用说，读者也知道它是谁。

那么，白蚁为什么能蚕食白银呢？当然，清朝官吏和外国穷学士当时是不清楚的。后来科学研究表明，白蚁能分泌一种叫蚁酸的物质，白银遇到蚁酸后会生成粉末状的蚁酸银，这就是白蚁能蚕食白银的原因。蚁酸又名甲酸，是最简单的脂肪酸，存在于蜂类、蚁类和一些毛虫的分泌物中，是一种无色有刺激性气味的液体。

动物界不但白蚁会蚕食金属，其他许多动物都会蚕食金属或啮咬金属。例如蝙蝠蛾的幼虫就是很典型的一个。在 20 世纪 60 年代，日本通讯架空电线上的铅质金属保护层屡遭破坏，造成电话通讯故障达二三百次，占了全日本全年通讯故障的 1/5。经过调查研究，发现破坏线路的就是这种蝙蝠蛾幼虫。这种幼虫仅米粒大小，但头部有一对大牙，锋利无比，它具有特殊的生理机能，以啮食铅为生，能在 10~13 天内咬穿 1.5 毫米厚的铅质电线、电缆保护层，以致造成线路故障。

不但动物要"吃"金属，植物也要"吃"金属。1998 年，英国科学家发现了一种能在富含铀的岩石上生长的地衣（Trapelia involuta），这种地衣能将铀"吃"进体内。虽然地衣能"吃"金属已广为人知，但靠吃"铀"而繁茂生长的地衣则是第一次发现。伦敦历史博物馆和诺丁汉大学研究小组在英国康沃一座废铀矿土石堆上的这一发现，可能会弄清耐放射性的生物机制和诞生新一代的生物监测器与污染控制系统。

《浪子回头》与"回头浪子"

20 世纪五六十年代，在美国曾放映过一部名为《浪子回头》的影片。这轰动一时的影片，是一个回头浪子——美国的格拉齐亚诺（1921～1990）自己创作的，不但内容写的是自己真实的经历，而且自演其中的一个角色。这曾被传为佳话。

下面要讲的是另一位回头浪子因发明格氏试剂等成就荣获诺贝尔奖的故事。

提到维克多·阿尤古斯特·格林尼亚（1871～1935），可能知道的人并不多，但如提到格氏试剂，搞化学的人不知道的必定很少。

法国北部有一个风景如画的海滨城市——瑟尔堡，格林尼亚就出生在此地一个很有名望的资本家家庭。由于他自幼在优裕的物质条件下生活，加之父母过分溺爱，更凭着有祖上雄厚的家业，他根本不把学业放在心上，更不知"创业"为何物，只知道整天到处游荡，盛气凌人，因此人们都说他是一个没出息的"二流子"。

到了青年时期，格林尼亚仍一味吃喝玩乐，不努力学习，更不去工作，成了瑟尔堡有名的"绣花枕头"。见到年轻、漂亮的女孩就要套近乎，甚至尾追不舍。生活奢侈到了近乎荒淫的地步。

一天，瑟尔堡上层人士举办了一次盛大的舞宴。格林尼亚在赴宴者中发现了一位初次在瑟尔堡露面的如花似玉的姑娘。他一见倾心，便仗着他的贵族家庭在瑟尔堡的"名气"傲然走上去强行邀请她一起跳舞。但出乎他预料的是，她不但婉言谢绝，而且流露出不屑一顾的神态，使习惯于在当地"摆谱"的格林尼亚难堪极了。当他打听到她是刚从巴黎来的波多丽女伯爵时，便觉察到自己的冒失和不恭，于是他鼓足勇气走到波多丽面前表示歉意。可波多丽却冷冷地说："算了！请站远点，我最讨厌你这样的花花公子挡住我的视线！"由此引来哄堂大笑和议论。

波多丽的回答，如同针一般刺痛了他的心。他从来没有在大庭广众之下受过这种近乎奇耻大辱的嘲笑和议论，这使他震惊不已，以至夜不能寐。经过几天的深刻反省，他终于"知耻而后勇"，幡然悔悟，决心走向新生，发愤学习，把过去浪费的时间夺回来！

人生终于出现了转机。

他悄悄地离开了瑟尔堡。临走时谁也没告诉，只留下一封信，信中说："请不要探询我的下落，容我刻苦努力地学习，我相信自己将来会作出成绩的。"

不久，格林尼亚来到里昂。他想进里昂大学学习，但由于他在中小学时学业"欠债"太多，根本不够入学资格。但他的强烈求知欲感动了路易·波韦尔这位老教授，便为他精心补课。经过两年刻苦努力，终于能够在里昂大学插班就读。

在大学期间，格林尼亚刻苦学习，得到了当时有名的有机化学权威菲利普·巴比尔教授的器重。在巴比尔的指导下，他把老师所有的著名化学实验都重做了一遍，不但以科学的态度准确地纠正了巴比尔教授的一些错误和疏忽，而且还在这些大量而平凡的实验过程中，发明了后人以他姓氏命名的试剂——格林尼亚试剂，并于 1901 年写出有关论文，他也因此而成为著名有机化学家。此时，离他出走整整 8 年！

格氏试剂是一种有机化合物，通常称为烷基卤化镁，由卤代烷和镁在无水乙醚介质中作用而得，是有机化学家所知道的最有用和最多能的试剂之一。在有机合成中，格氏试剂可以使人类大量地制造出自然界所没有的、性能更好的多种化合物，在有机化学中占有重要地位。

格林尼亚一旦打开了科学的大门，他的科研成果就像泉水般涌了出来。从 1901～1905 年，他总共发表了约 200 篇关于金属镁有机化合物的论文。

1902 年，里昂大学破格授予他理学博士学位。这个消息轰动了法国，他的家乡更沉浸在一片欢腾之中。1906 年他被里昂大学聘为教授，1910 年又担任了南锡大学教授，1912 年荣获诺贝尔化学奖。据不完全统计，至 1935 年他逝世时一生的科学论文多达六千多篇！1972 年，为纪念 1912 年他和另一位法国化学家萨巴蒂埃共享诺贝尔化学奖，瑞典还发行了一枚印有他二人头像的邮票。

这里，我们还要提到这两位同享 1912 年诺贝尔化学奖的人互相谦让的佳话。当 1912 年格林尼亚得知只有自己一人将得奖时，主动说萨巴蒂埃的科学研究比自己贡献大，理应获奖，否则那将是不公平的。萨巴蒂埃则认为格林尼亚的贡献比自己大，应该获奖。在这种互相谦让的情况下，瑞典皇家科学院最后决定，由他们二人共享当年诺贝尔化学奖。

当格林尼亚荣获诺贝尔化学奖的消息传出之后，他忽然接到一封来信，信里只有寥寥一语："我永远敬爱你！"原来这封贺信是当年曾奚落过他的波多丽女伯爵久病后伏在病榻上写的。其实，波多丽并没有因格尼亚过去的浪荡生活而歧视他，当他得知格林尼亚已痛改前非、发奋学习时，始终关心他取得的每一个成就。

马克思说："耻辱就是一种内向的愤怒。如果整个国家真正感到了耻辱，那它就会像一只蜷伏下来的狮子一样，准备向前扑去。"这一至理名言，对个人也是适用的。通过格林尼亚受侮辱后崛起的故事，说明有缺点的人，甚至"二流子"，也是可以通过努力为人类作出贡献的，也是可以得到人民的承认和受到尊敬的。这类例子多如牛毛。西班牙一个名叫桑迪亚哥·拉孟伊卡哈的医学家，小时好逸恶劳不好好学习，沾染不良习气，因偷钱被学校开除，最后与一伙惯盗为伍，浪迹于外，父亲被活活气死。后来他猛然悔悟，发愤读书，高中毕业便名列前茅，入大学后更加努力，25 岁时便成为母校的首席医药教授，并因创立神经细胞学说等贡献而荣获 1906 年诺贝尔生理学和医学奖。这又是一个浪子回头的故事。

对于有缺点、犯错误的青少年，人们应给予更多的爱，像格林尼亚的老师波韦尔和巴比尔那样，这就更有利于他们的转化；而不应对他们采取冷漠甚至歧视挖苦、讽刺打击的态度，否则会使他们心灰意冷，难于改弦易辙，走上光明之路。而有劣迹的青少年本人，则应及时调整自己的心态，坦然面对缺点、改正错误，用自己坚持不懈的努力说明自己确已旧貌换新颜，以取得人们的谅解而便于得到关爱，走向新生；而不应自暴自弃，甚至破罐破摔，在错误的道路上越走越远，最终不但会危害社会，还会毁了自己的一生乃至家庭。

退着走路的科学家

每年 12 月 10 日，都有几位诺贝尔奖得主要从瑞典国王手中接过诺贝尔金质奖章、证书和资金，然后按照礼节，倒退着走路回到自己的座位上来。

倒退着走路这一礼节并不只限于瑞典，在德国也是这样。伦琴也遇到过这个问题。

1895 年 11 月 8 日，伦琴发现了 X 光，在次年公开后，引起了极大的轰动。几个月中，伦琴收到来自世界各地的讲学邀请。但他要继续研究 X 光，于是只好婉言谢绝邀请并致歉意，但无法拒绝德皇威廉二世的邀请。1896 年 1 月 13 日傍晚，他到柏林皇宫去为皇帝及大臣作 X 光的表演。

除了 X 光的演示和讲演外，还同皇帝一起进了晚餐，接受了一枚普鲁士二级王冠勋章。离去时退着走路，一直到走出王宫。伦琴退着走路还算顺利，因为他事前知道这个规矩，作了练习。这一练习在 1901 年获诺贝尔物理学奖时又一次派上了用场。

可是，对其他人来说，就不那么顺利了。

伦琴有两位同胞，一位是大有机化学家威尔斯泰特（1872～1942），另一位是大化工专家哈伯（1868～1934）。前者在 20 世纪初研究叶绿素 a、叶绿素 b 和黄色素的结构，取得了重大成就——1926 年，终于发现叶绿素 a、叶绿素 b 都是镁的化合物。后者则在 1909 年报道了他用锇催化剂得到的浓度为 6%～8% 的氨的成果，成为具有实用价值合成氨工艺的转折点。他们作出这些成绩后，也期待着有朝一日皇帝会像邀请伦琴那样，邀请他们。于是他们便经常练习倒退着走路。

不顺利的是威尔斯泰特。他是一位精致瓷器的爱好者、收藏者。两人就在威尔斯泰特放有一些昂贵瓷器的房间里练习倒走。结果，他们的练习以一只昂贵的瓷器被打碎而告终。可是，他们始终没有受到皇帝的邀请。

不过，有趣的是，他们当初的练习最终没有白费。1915 年，威尔斯泰特因对植物色素，尤其是叶绿素的化学结构等的研究，荣获诺贝尔化学奖。哈伯也在 1918 年因对合成氨的贡献获同一奖项。先后获奖那天，他们分别从瑞典国王手中接过奖品，麻利地倒退着走回自己的座位。更为有趣的巧合是：1915 年是一战前最后一届、1918 年是一战后第一届颁奖，这两届化学奖都分别由德国人独享。

依靠阳光脱险

人们常说，万物生长靠太阳。人们还常说，空气、水、阳光，一样也不可少。阳光不但能养育生命，它还是危难时刻的大救星！

1903 年，一艘名叫"高斯号"的探险船，到达了南极洲。

南极和北极类似，半年为界：半年"冬天"，黑夜漫漫；半年"夏天"，太阳低徊。南极的风也特别大，刮的时间也很长。

"高斯号"到达南极时，半年的白天刚开始，一场大暴风过去之后，船被冻在冰上，船和冰像浇铸在一起似的，一点儿动弹不得。

人们急了，船要走啊！怎么办？用炸药把冰爆破开，用电钻把冰钻上孔打碎，用锯子把冰锯开……一切努力都无济于事：这里的冰破开后，那里的冰还没来得及破，原来破开处又结冰了。目标很明确，只有打开约 1 公里长、10 米宽的航道，才能使船驶到没结冰的海面上，脱离困境。有什么办法能破冰通航呢？从船长到船员，都在为此冥思苦想。

正在大家一筹莫展的时候，忽然有一个船员说："办法有了！"他对船长说，"把船上的煤灰、煤渣、垃圾这些深黑色的东西都铺到冰上，让这不落的太阳来帮忙，这样就能使冰化开。"

这个办法是否会奏效呢？船长半信半疑。但看着一天天减少的食品，只好试试。

全船的人都动员起来了，把能搜集到的煤灰、煤渣、垃圾、灰尘都铺在船周围的冰上，铺在通向没结冰的海水的那段冰上。好在当时的船都烧煤，不愁大量的煤灰、煤渣等黑色的物品。船员干得汗流浃背之后，煤灰、煤渣等铺好了。

大家耐心地等待着。几天过去之后，柔和低徊的斜阳，终于使煤灰等物品下面的冰层变薄、溶化……

"高斯号"全体船员欢呼、雀跃，把那个船员抬起来，抛得老高……

那么，又是谁给这位船员授破冰的"锦囊妙计"呢？是富兰克林。原来，这位船员读过《富兰克林传》，这本书里记载着美国著名的科学家本杰明·富兰克林（1706～1790）首先发现的规律：太阳照射深色的物体比浅色的物体升温快。不过，当时人们并不知道这一规律有什么实际应用，没有引起更多的人的注意。而这个船员就是受这个知识的启发，灵活运用这个知识而提出前述建议的。《富兰克林传》是一本流传久远的名著，美籍华人杨振宁（1922～　）在西南联大求学时就读过这本书。他对富兰克林非常崇敬，以至1945年到了美国之后，便给自己取了Franklin或Frank的名字，其他人也叫他Frank。

那又为什么太阳照射深色物体升温比浅色物体升温快呢？这还得从物体的颜色说起。物体的颜色是由照射它的光线的颜色和它反射、吸收、通过光线的种类决定的，大致规律如下：

首先，照射光线是单色光时，如果被照射物体能反射全部光线，则物体呈该种光的颜色。例如，红光照在一张纸上（这张纸如在阳光照射下呈白色），则这张纸呈红色。因为这时只有红色光供它反射，反射的红光到达人眼，刺激相应视觉细胞形成红色。

第二，照射光线是单色光时，如果被照射物体只能反射某一种光线，如反射光线与照射光线相同，则呈该种颜色，例如红光照射只能反射红光的物体呈红色；如能反射的光线与照射光线不同，则呈黑色，例如红光照射只能反射绿光的物体时呈黑色。

第三，照射光线是白色光（例如阳光）时，物体的颜色由物体反射、吸收、透过的光线决定：反射某一种光线则呈该种光线的颜色，例如反射红光，则呈红色；反射全部光线则呈白色，例如白纸；吸收全部光线呈黑色，例如黑布；透过全部光线则物呈透明状，不显颜色，例如纯净、透明的水。

　　由以上规律我们可以得知，当南极并不温暖的阳光照在白色的冰雪上时，几乎所有的可见光（实际上还有热效应比它们强的红外线）都被冰雪反射，所以冰不会溶化。我们在夏天穿白色或浅色的衬衣，感觉凉爽些，道理与此相同。但当冰上铺了黑色煤灰等物品后，太阳光几乎全部被它吸收（实际上还吸收了更强的红外线），吸收后的热量传给冰雪，冰雪便升温溶化。我们在冬天要穿黑色或其他深色的衣服而在夏天不穿这类衣服是一样的道理；春天脏的雪比干净的冰雪先溶化，也是这个道理。

　　一位读过《富兰克林传》这本书的人，就有了这些知识，这充分证明"书籍是全世界的营养品"（莎士比亚）。知识能拯救一船人的生命，进而去完成既定任务，这充分证明了"知识是人们任何一条道路上的伙伴"（古拉米施维里）。难怪在 17 世纪，英国哲学家弗朗西斯·培根和意大利思想家康帕内拉（1568～1639）在相距遥远的不同国度会几乎同时发出一个声音："知识就是力量。"

情人节里的"单身汉"

大自然真是一个和谐美妙的矛盾的统一体，有男就有女，有电子就有正电子，阴阳对立统一、雌雄对立统一，谱成了大自然动人的乐章。

每年2月14日的情人节 Valentine's Day 又名圣马伦丁节，起源于古罗马。那一天，男的抽出写有女的姓名的签——爱情就这么定了。

1820年，丹麦物理学家奥斯特（1777～1851）发现了电流的磁效应，这就证明了人们此前猜测并笃信的"电磁同源"或"电磁相依"的假想。

后来，在1897年和1932年，英国物理学家J.J汤姆逊（1856～1940）和美国物理学家安德森分别发现了电子和正电子。电子和正电子不但可以结合在一起（形成一个光子，称为 γ 光子），而且可以单独存在。这对"情人"是可分可合的。

既然"电磁同源"，电和磁有某些相似性，那电荷有正负之分、磁极有南北之别，不就意味着磁极也可以像电荷那样单独存在吗？

那么，磁极的"单身汉"——"磁单极子"是否的确存在呢？人们开始做实验。他们将一根具有南北极的磁棒一分为二，奇怪的是，这时不是得到两根各具有一个极的磁棒，而是得到两根各有南北两个极的磁棒！人们这时大声质问苍天："'电磁相似'"到哪里去了？自然界的对称性到哪里去了？"有没有只有一个极的磁棒？"磁单极子"到哪里找寻？

自从 1931 年英国物理学家狄拉克（1902～1984）预言磁也应有基本"磁荷"——"磁单极子"以来，人们寻找了 50 来年，然而仍一无所获。不过人们却执著依旧：既然有基本电荷，必然会有基本"磁荷"，找到"磁单极子"只是时间早晚的问题。

这一天似乎终于来到了。1982 年 2 月 14 日，美国斯坦福大学的布莱斯·凯布雷拉在研究宇宙射线时，利用他精心设计的一个超导线圈发现了一个游荡在宇宙空间的"磁单极子"。他还声称，平均每隔 151 天就能观测到一次这种"磁单极子"。他的实验原理是：在完全屏蔽外界磁场的铅圆筒中，放置低温超导线圈，平时在线圈内没有电流，当"磁单极子"进入铅筒，穿过线圈时，由于电磁感应原理，会产生感生电流。他由实验所得的数据，跟用"磁单极子"理论计算的结果符合。次年 5 月消息公开后，人们觉得这太有意义和有趣了。它的趣味在于 2 月 14 日正好是西方一年一度的"情人节"，在应该"成双成对"的情人节里竟发现一个"单身汉"，一时在科学界成为趣谈。

不过，这件事很快就被人们淡化了。因为凯布雷拉没有能再次观察到那次实验中的现象，换句话说，他的实验没有"可重复性"。可重复性是设计实验必须遵守的一条基本原则，因为事物规律的一个表现，就是在相同的条件下能够不断重复出现。能重复出现说明实验真实可靠，不能重复出现，说明实验可能有误。总之，他的发现不能被由他设计的实验所证实。

又过了大约 3 年，英国伦敦帝国学院的科学家们宣称，他们的探测器在经过 1 年的工作之后，在 1985 年 3 月获得了一个"磁单极子"飘过时应有的讯号。不过，他们也认为，其他物理效应也可能在该仪器中出现类似信号。因此，还要做排除这些效应的试验，方能确证有"磁单极子"。因而，这一实验也不能确证"磁单极子"的存在。

不过，这两起事件并不是仅有的似乎发现"磁单极子"的例子。早在 1973 年 9 月，美国加利福尼亚大学和休斯敦大学组成的联合科研小组在做高能宇宙线实验时，从照片中发现了一条游离度很大的径迹。经过近两年的分析研究，他们认为这就是"磁单极子"的轨迹。这一消息公布后，当时也引起了轰动，但也引起了非议。有的物理学家指出，原子序数接近96、速度为光速0.72倍的超重宇宙射线粒子也可能产生这种径迹；还有人认为，这种径迹也可能是重原子核在检测器中受到其他原子核的作用后产生的。总之，上述径迹不能证明"磁单极子"的存在。不过，这场"虚惊"也有益，它使前述凯布雷拉审慎地推迟一年多才发表其成果。

虽然这么多年没能找到这位神秘的"单身汉"，但人们却矢志不渝，从岩石中、从宇宙射线中、从加速器中去找寻。而且还把原来"磁单极子"的理论进行了更深入地探讨。

那么，人们为什么要对这位推测在宇宙初期形成的、残存数很少且游离在广袤宇宙中的"单身汉"如此"钟情"呢？这还得从头说起。

理论上预言的"磁单极子"的磁感应强度，大约是电子磁场的137倍，而质量则为质子的200（一说10^{15}）倍，可见其磁场是很强的。举例来说，在距一个"磁单极子"1厘米处，磁场是3×10^{-12}特斯拉，而目前探测磁场的精密度已超过10^{-15}特斯拉（这就完全可以探测到它的磁场）；两个"磁单极子"之间的作用力大约是一个电子和一个质子间引力的18 000倍！磁单极子还有一个有趣的性质，它受反磁物质排斥，与顺磁物质相吸引——这与一般磁铁并不排斥反磁物质有所不同。

如果发现"磁单极子"，这将在理论和实践中都有重大的意义。

在理论上，麦克斯韦的电磁理论将要被修改，因为他的电磁理论方程组中有一个方程是反映自然界中不存在磁单极的；电荷的量子化将得到很好的解释；人们将从新角度来审视各种守恒定律；电荷的磁荷组成的系统会出现新特性。此外，人们对太阳的两个磁极竟在一年中有几个月极性变得相同的现象，也许可以作出正确解释。

在科研中，可用"磁单极子"建造比目前的加速器能量高得多的粒子加速器。例如，估计一座周长为两米的这种加速器，其性能可能超过目前周长约900米的加速器。这显然会给粒子物理的研究带来许多好处。

在工业中，可用它造出小型、高效的电动机和发电机，而这些超小电机是人造假肢、人工智能梦寐以求的驱动设备。有人甚至设想，如果有办法控制"磁单极子"的场强和极性，人们可以利用它在地球磁场中的势能推动船舶航行，也可用它开发新的能源。

在医学上，可以用它治疗当今药物不能完全治疗或不能治疗的疾病，例如癌症。

总而言之，如果发现"磁单极子"，将会在物理基础理论的发展上，甚至在整个科学、哲学上都有重大意义和影响，也将对技术的发展产生很大的影响。

大炮报废和飞机失事

18世纪初，法国军队遇到了一桩伤透脑筋的怪事：一门崭新的大炮用不了多久就得报废。有的甚至在发射时炮筒就炸裂开来，造成炮毁人亡的惨剧。当然，这种怪事还出现在许多国家。

不过，更麻烦的事还在后头：人们无法找出其中的原因。专家们被请来了，他们成百次地研究大炮的制造、材料，核对各种数据，改进设计，但仍然无济于事。

事情被拖到19世纪中叶。一个名叫圣·克·德维尔的工程师被专门请到法国大炮制造厂"攻关"。经过多年研究之后，他和助手卡叶塔在1863年宣布了一个惊人的消息：氢是毁坏大炮的罪魁祸首！

他们的研究表明，在炮筒周围存在氢或含氢气体时，火药爆炸时产生的高温高压，就会把氢挤进钢材，与钢中的碳作用，生成甲烷（化学式 CH_4）气体，这些气体在炮筒钢材中形成细小的孔洞或裂缝，这就降低了炮筒的机械强度。当再次发炮时，这种现象会加重，于是炮筒就在反复发炮时炸裂而报废。此外，氢是具有最小体积的原子，在发炮时高温高压的作用下，部分氢原子还会进入钢材。这种原子状态的氢具有很高的活性，它会随意在钢材中移动，使前述孔洞或裂缝"雪上加霜"。为了证实这一点，他们把氢密封在一个钢制容器内加热，里面的氢居然能穿过容器壁逃逸出来。又经过对被炸坏的炮筒的物理、化学分析，上述结论被完全证实。

世界各国的科学家反复验证了他们的上述研究，确认了他们研究的正确性。于是把这种因氢引起金属发脆的现象称为"氢脆"。

后来人们发现，不但大炮会发生氢脆，其他许多东西也会发生氢脆。

经过 1904～1909 年德国化学家哈柏（1868～1934）对合成氨工艺条件的试验和理论研究，以及博施（1874～1940）和他的合作者经过两万多次试验，找到了较好的催化剂——含少量氧化铝的铁催化剂，合成氨工业得以发展。但仍然遇到了氢脆问题——承受高温高压的主要设备——合成塔，用不了多久就得更换。原来，生产氨的原料之一氢气就在塔内与氮气反应，当然会危及塔的安全。直到 1913 年解决了氢对碳钢的"腐蚀"之后，第一座日产 30 吨的合成氨工厂才在这一年建成投产。

约 1937 年，英国皇家空军的一架战斗机不知何故，因发动机主轴断裂而失事。专家经过详细研究后发现，这也是氢脆引起的。

1978 年 5 月，美国一架 DC－10 型巨型客机载着 270 多名乘客和机组人员，从芝加哥机场起飞。不到 1 分钟，发动机上的一只螺栓断裂，飞机坠地焚毁，人员无一幸存，酿成航空史上罕见的惨剧。经研究发现，在那批螺栓表面都镀了一层镉，目的是防锈。殊不知在镀镉时螺栓钢材已从电解液中分解出来的物质中吸收了大量的氢，最终因氢脆而断裂。

此外，美国一家发电厂的一台汽轮机主轴，也因氢脆在运行不到三个月就断裂了。

当然，氢并不都是从外界渗入钢材内部的。在钢铁的冶炼过程中，要加上各种辅助材料，例如石灰、萤石等，作炉衬的耐火材料等等，它们都可使钢水中混入氢。因此，钢材中的氢脆是一个普遍现象。

随着对氢脆现象的深入研究，人们还发现铜也会发生氢脆。

引起严重关注的氢脆现已基本克服。人们大致采取了以下四条措施：一是用先进的真空冶炼和浇铸，使氢气从钢水中溢出，以减少钢中的含氢量。二是在钢水中加入钴、铬、镍等，阻止碳与氢在钢中形成甲烷；三是用退火的方法，把钢中的氢"驱逐出境"；四是在钢制构件表面涂专门防钢氢化的防腐剂，防止氢这一"入侵之敌"。

事物总是一分为二的。氢脆有时也有益处，我们还可将它派上用场哩！

人们以前制造铜粉的方法是：用机械的方法将铜块制成铜屑，再把铜碾成铜粉。但由于铜的可塑性很好，所以得到的往往不是铜粉，而是铜箔。于是人们利用铜的氢脆性，发明了一种新的制造铜粉的方法。这种方法的大致工艺如下：把铜丝放在氢气流中加热 1 至 2 小时，其温度约 500℃～600℃，这铜丝冷却后就具有氢脆性了。再将它放入球磨机中研磨几个小时，就制成了颗粒极小的铜粉。这种方法已用在生产中。

看来，"大自然把人们困在黑暗之中"的企图又一次失败了，人们又一次避害趋利取得了成功。

π 的命运

稍有数学常识的人都知道，圆周率 π 是一个无限不循环小数——无理数，也是一个超越数。在理论上说，可以把它计算到小数点后任意多位，但无法用一个有限数来表示它。

可是，历史上却不止一次发生过这样的事，议会通过法律的形式，把 π 值规定为一个简单分数、有限位的小数，甚至整数。

第一次发生在 19 世纪末叶的美国。一位名叫埃德温·古德曼（Edwin J. Gooldman）的美国医学博士，为了使印第安纳州得到富裕，向该州众议院介绍了"一个新的数学真理"，由于这个发现，这个州将会从王国那里得到好处。于是他为此拟出一个提案。这个提案的第二部分有下列内容：发现第四个重要事实，即直径与圆周之比等于 5/4 与 4 之比。由此可以看出，他的"数学真理"是 $π = 4 : (5/4)$，即 $π = 3.2$。由于该州公共教育局长对这一提案大力支持，所以该州众议院于 1897 年 2 月 5 日一致通过了这个编号为 246 号的提案。接着，将它递交给参议院的一个委员会。如果最终得到参议院的通过，该议案就将被实施。

似乎是"上帝"不愿"毁灭"人类，每次都在灾难之时派来救星。这次也不例外，上帝派来的救星是普尔都（Purdue）大学的教授瓦尔多（C. A. Waldo），他在忙别的事情时，偶然听到一些人在议论这件事，他觉得很不对劲，于是决定介入。他在参议院表决前几分钟对此进行干预，致使上述提案被搁置起来。当然，此前一些报纸也对这一荒唐的事进行了冷嘲热讽，这也是这一提案被搁置起来的原因。

对上述事件，另有文献说法不一。例如说，"法律应该承认 $π = 4$"——

而不是前述 3.2。还说，古德曼称"顺利解决了过去 100 多年里最优秀的人才绞尽脑汁也无法解决的问题"，等等。由此可见，这一奇趣事件已引起许多媒体关注，以致在多次传递时发生了的失真。

上述荒唐事还不止一件，有文献说，一个国家的议会企图以法律的形式将 π 值定为 3。

阿基米德的墓碑

许多名人在辞别人世后，后人为了表彰或纪念他们，或者遵照这些名人的遗愿，常为他们立下墓碑，碑上刻有铭文，有的还有图形、公式等。

古希腊阿基米德被称为"数学之神"。他在《论球和圆柱》一书中公布了他的一个有趣的发现：一个内切于圆柱的球的体积和表面积，都分别是这个圆柱的2/3。他对这个发现极为欣赏，以至于希望在他死后的墓碑上刻下这个图形。

约公元前265年，罗马人征服了意大利半岛，旋即向地中海其他地区扩张。战争的结果是，公元前146年伽太基帝国灭亡。

在第二次布匿战争中，罗马人于公元前215年进攻阿基米德所在的叙拉古城。阿基米德以其天才的智慧和叙拉古人一起顽强地抵抗了三年，强大的罗马军团付出了惨重的代价。最后因为叛徒的出卖和弹尽粮绝而兵败城陷。

这时，阿基米德正在思考一个数学问题，他是那样全神贯注，以致没有察觉敌人已来到面前。一个士兵举起了屠刀……一代伟人就这样惨死在暴徒之手。他临终前还在愤怒地吼道："不要弄坏我的图形！"时间是公元前212年。

阿基米德死后，罗马将领马塞拉斯（约元前268～前208）得知了这一消息，他对这个难以制服的对手表示了钦佩和尊敬。不但把杀害阿基米德的那个士兵作为杀人犯来处决了，而且为阿基米德举行了隆重的葬礼，并在墓碑上刻下阿基米德要求的那个图形，还刻有铭文"再生乃故我"。

真有这个事吗？真有这样的墓碑吗？当时没有人见过，许多人认为这仅仅是一个传说。

光阴似箭，岁月如流。100多年过去。罗马政治家、雄辩家、哲学家西塞罗（公元前106～前43）在公元前75年任西西里总督。他还曾作为罗马帝国的财税官去叙拉古收过税，由于他仰慕阿氏，便在此时专门去寻找阿氏的墓地。他找了很久，终于在荆棘丛生的杂草中找到了那块墓碑，见到了那个图形。于是他把荒芜的墓地修葺一新。传说被证实。

但是，年深日久，墓地随岁月的流逝和战争的硝烟再次被废弃。随着城市的发展，这个著名的古迹似乎永远消失了。这是一个巨大的遗憾！

然而，奇迹出现了。在1965年，当叙拉古一家新建的饭店挖掘地基时，铲土机碰到了一块墓碑。人们惊奇地发现，上面刻着一个球内切于圆柱的图形。这不是阿基米德的墓碑吗？人们欣喜若狂。这真是"众里寻她千百度，那人却在灯火阑珊处"。

叙拉古人终于为他们这位空前绝后的伟人重建了茔墓：坟前立着那著名的石碑，碑上依然是那个阿基米德引为得意的图形和铭文。

理发师引出的"危机"

理发师怎么会引出"危机"？GEB 是什么？两者之间又怎么会有关系呢？

相传在很早以前的一个村庄里，只有一个理发师，他规定只替而且一定替不给自己理发的人理发。这就引出一个问题：他该不该给自己理发？或者问：他的头发应由谁理？

要是他给自己理发，那么他就违反了自己的规定，因为按规定，他不应该为自己理发；要是他不给自己理发，他也违反了自己的规定，因为按规定，他一定得给自己不理发的人理发，所以他也得给自己理发。理发师犯难了：他不论怎么做都"自己打自己的耳光"。

在逻辑学中，如果承认某一命题是真的，但它又是假的；如果承认它是假的，但它又是真的。这样的命题叫"悖论"或"佯谬"。上面这个故事被称为"理发师悖论"。

1901 年 6 月，英国数学家、哲学家罗素（1872～1970）发现了后人以他的名字命名的"罗素悖论"，这是集合论中的一个悖论，所以又叫"集合悖论"。它的基本内容是：如果把所有集合分为甲、乙两类，甲类可以把自身作为自己的元素，乙类不可以把自身作为自己的元素；那么，所有的乙类集合的集合是甲类还是乙类呢？如果说所有的乙类集合的集合属于甲类，由于甲类可以把自身作为自己的元素，那么乙类集合的集合应属于乙类。如果说所有的乙类集合的集合属于乙类，那么它显然可以纳入所有的乙类集合的集合之中，这样它又符合甲类要求而属于甲类了。由此看来，所有的乙类集合的集合既是甲类又非甲类，既是乙类又非乙类，于是造成了不可克服的逻辑矛盾。1918 年，罗素把这个较为高深的集合论中的悖论通俗地解释为前述"理发师悖论"，所以许多文献把这两个悖论相提并论，其本质都是，使逻辑陷入一种无法摆脱的"怪圈"。

那么，"理发师悖论"又怎么会引发危机呢？它的确引出了"危机"——"第三次数学危机"。集合论中存在着不可克服的逻辑矛盾，从根本上危及整个数学体系的确定性和严格性，这怎么不是"危机"呢？

不过，这里有一个很重要的历史背景，就是，为什么这次危机不早不晚，正好在20世纪初即"罗素悖论"提出时就到来了呢？

它似乎是可以早些到来的，因为历史上的数学悖论早已发现且不计其数。例如，古希腊时代欧布利德或古罗马哲学家、政治家西塞罗（公元前106～前43）的"谷堆悖论"，德国哲学家黑格尔的"秃头悖论"，意大利伽利略的"自然数等于完全平方数悖论"，德国数学家施瓦兹（1843～1921）在1880年提出的"施瓦兹悖论"。这些悖论没有能引起"危机"的原因在于，数学家们对自己不够自信，因为类似"悖论"这类问题，在数学中比比皆是，不值得一提。没有引起"危机"的第二个原因在于，其中有的悖论已被"克服"，既已克服，便不存在"危机"。例如古希腊数学家芝诺（约公元前496～前429）提出的四个悖论——其一是众所周知的古希腊神话中善跑的英雄阿基里斯永远追不上乌龟的悖论，在19世纪已经得到解决；有的则未能引起足够的注意。因此在20世纪之前，这一"危机"没有到来。

1874年，德国康托在《克列尔杂志》上发表了《论所有实代数数集合的一个性质》的论文，它标志着集合论的诞生。集合论的创立，颠倒了许多前人的想法，与传统数学观念相冲突，因此一开始就遭到反对者的指责。但在1897年第一次国际数学家大会在瑞士苏黎世召开时，德国数学家赫尔维茨（1859～1919）和法国数学家阿达马（1865～1963）就充分肯定了康托的理论在分析学中的重要地位，最终导致集合论被公认。此外，"皮亚诺算术公理系统"的出现，自然数理论被归结为一组不加定义的概念和几条有关的公理，算术理论公理化了。这样，数学的基础就放在集合论之上了。

这样，在19世纪后半叶，数学家们开始陶醉了：数学基础已牢固无比，数学的严密性已达到。不过，几乎同时，一些事也使数学家们不那么"陶醉"：1897 年，意大利数学家布拉利·福蒂（1861～1931）提出了以他名字命名的悖论；1899 年，康托也提出"最大基数悖论"和"最大序数悖论"。这些集合论中的悖论也没有得到解决，一些人心中也产生了困惑。

然而，这些并没能阻止人们的自信。1900 年在巴黎召开的第二次国际数学家大会上，法国著名数学家、物理学家庞加莱（1854～1912）就宣称："现在，我们能说（数学）完全的严格性已经到来了。"接着便是前述"罗素悖论"和"第三次数学危机"的出现。

由此可见，"第三次数学危机"是在人们误以为数学基础已经牢固，因而盲目乐观，但接着就遇到无法克服的"悖论"时思想准备不足而必然产生的。

不过，"第三次数学危机"的出现虽然使西方数学界、哲学界、逻辑界产生震惊，但并未使他们方寸大乱。因为人们已经有前两次"危机"的历史"经验"。于是他们为消除这一危机进行了至今仍在继续的努力。但在 20 世纪前 30 年是他们投入最多、辩论最激烈的时期，因而许多重大成果相继产生。其中成果之一便是三大数学流派——逻辑主义、直觉主义、形式主义的诞生。

1931 年，奥地利数学家哥德尔（1906～1972）发表了《论"数学原理"和有关体系的形式不可判定命题》的论文，给出了两个"不完备定理"，这是"数学和逻辑基础方面伟大的划时代的贡献"。哥德尔第一定理推翻了数学的所有领域能被完全公理化这一强烈的信念；而第二定理则摧毁了沿着希尔伯特等人设想过的路线证明数学内部相容性的全部希望。从此，前述三大数学流派为克服"危机"、寻找可靠数学基础的努力全部化为泡影！于是，数学家们再次陷入困惑，人们在困惑中沿着不完备定理这一指路明灯进入新一轮的思考和探索。

不完备定理表明，任何所谓严密形式体系都不是天衣无缝的，没有哪个重要的部门能保证自己没有内在矛盾，人的智慧源泉不能被完全公理化；新的证明原则等待我们去发现或发明，某些被认可的数学哲学应重新评价，其中有的会被更新或废弃。这种认识论上的飞跃为我们开拓了广阔的视野。

由"悖论"这一"怪圈"引出"危机"，探究克服"危机"完善了三大数学流派，摧毁这些流派的幻想出现哥德尔不完备定理，导致至今尚未完结的探索，这是发生在数学领域里近一个世纪的事。那么，这种"怪圈"仅仅在数学领域内才有吗？

不是，这种"怪圈"普遍存在，在美术和音乐及其他领域都存在这种现象。

1979 年，美国数学家道格拉斯·霍夫斯塔特写了一本名为《GEB——一条永恒的金带》的书。书名和内容一样使人好奇，在美国轰动一时，曾获普利策大奖。普利策奖是赴美匈牙利人普利策（1847～1911）创立的，以这位办报人命名的奖虽然每份只有 1000 美元奖金，但却是新闻界的最高奖赏。上述书名中的"G"指数学家哥德尔（Godel），"E"指画家默里斯·戈罗奈里维斯·埃舍尔（Escher），"B"则指"音乐之父"巴赫（Bach）。

那为什么霍夫斯塔特会把数学家、画家、音乐家绑在一起而使书名中有"GEB"呢？

该书认为，人的思维存在一个"怪圈"，这个"怪圈"会使人的思维在前进过程中不自觉地回到起点上去。正好我们前面谈到的哥德尔不完备定理，这个定理使我们面临二择一的两难境地：要么在逻辑思维中可以是不一致的；要么导致另一个结果，使我们无法用逻辑去证明所有看来是用逻辑提出的问题，这就是不可判定性。哥德尔不完备定理就是指出了数学中的这种"怪圈"。

1961 年，埃舍尔画了一幅版画，名为《瀑布》。在画的中部，瀑布倾泻而下，水花溅起，水再经过水槽向下流去，经过三个直角曲折，却流向瀑布口！这真是不可思议：水究竟是往上流，还是往下流？可是在画面上却表现得明明白白。水也像人的思维一样，回到了起点。这就是美术的"怪圈"。

"卡农"是英文 canon 的音译，是复调音乐写作技法。巴赫曾用卡农技法写成了举世闻名的主题乐曲《音乐的奉献》，并把它献给他当时崇拜的国王——弗里德里希。这首乐曲的奥妙之一在于，它神不知鬼不觉地进行变调，使结尾最后又平滑地过渡到开头。这种首尾相接的变调使听众有一种不断增调的感觉。在转了几圈之后，听众已感到离开原调很远。但奇妙的是，通过这样的变调却又回到原来的调上！这就是音乐中"怪圈"的实例。对此，有人将其称之为"无限升高的卡农"。

此外，英国数学家图灵（1912～1954）在计算机理论中指出，即使可以设想的最有效的计算机，也存在着无法弥补的漏洞，这个与哥德尔不完备定理等价的理论是人工智能和思维的"怪圈"。

人在漆黑的夜晚、迷蒙的雾中、茫茫的风雪中、遮天蔽日的森林中等无法辨别方向的条件下行走，无论起初朝什么方向，其结果都是不断地回到原来的出发点。这是行走时的一种"怪圈"。美国大幽默家马克·吐温在他的《国外旅游记》就记叙了他在旅馆的一个黑暗房间里旅行了整夜的故事。在那天夜里，他在那个房间里转圈47英里（约75公里），仍然没有走出房间。虽然这一故事有夸大其辞之嫌，但人在无法辨别方向时会"转圈"却是不争的事实。

人为什么会转圈呢？这是由于人的左脚走出一步与右脚走出一步的长度不相等的缘故。由于左右脚每步长度不等，所以每走一步便偏离前进方向一点点——"差之毫厘"，许多步积累起来，最终便回到原地——"失之千里"了。有人在威尼斯的马尔克广场上做了这样一次试验。把一些人的眼睛蒙上后，把他们送到广场的一端，叫他们走到对面的教堂去。虽然要走的路仅有175米，但却没有个人走到宽达84米的教堂前——都走成了弧线，偏到一边碰到旁边的柱子上。挪威生理学家古德贝克在1896年对类似问题作过专题研究，并搜集了这类例子。其中例子之一是，有3个旅行者在宽约4公里的山谷中，企图在黑夜中走出山谷，但走了5次，

都回到了原出发点，最后筋疲力尽，只好坐待天明。

在许多旅游景点，都有一个"瞎子摸佛"——蒙上双眼走一段路去摸"佛"字或一座佛像——游戏，但多以失败告终，也是上述道理。

不仅走路如此，划船也如此。古德贝克搜集了一个在浓雾中的小船，在一个4公里宽的海峡兜圈子的例子——人两手划桨时用力不等使船的行进路线偏离，不断偏离便回原地。

不但人有此"怪圈"，许多生物也是这样。北极探险家发现，爱斯基摩狗拉雪橇时如不导引，这只狗会在雪地上转圆圈。把狗的眼蒙上放进水里，它会在水里转圈。瞎眼的鸟在空中会转圈，被击伤的野兽会因恐慌而不自觉地沿曲线逃离，蝌蚪、螃蟹、水母、微生物阿米巴等都会沿曲线运动。

由此可见，"怪圈"是科学、艺术和生物等领域中一个普遍的现象，怪不得霍夫斯塔特将"怪圈"称为"一条永恒的金带"。

从理发师到"悖论"——"怪圈"，使我们清醒地认识人类，认识自己，认识大自然。

从狗尿招蝇到胰岛素

1889 年的一天，德国医学家冯·梅林（1849~1908）和出生在俄国、但长期在德国工作的医生兼病理学家闵可夫斯基（1858~1931）及助手作了一次狗的胰脏切除手术，其目的是研究胰脏在消化过程中起什么作用。手术后，一个助手偶然发现，流出的狗尿竟引来大群苍蝇，他将此事告诉了闵可夫斯基。后者没有放过这个疑点，对狗尿进行了化验，发现狗尿中的糖分是招苍蝇的主要原因。经过实验、研究表明，切断狗的胰腺，就可使狗患上糖尿病。这样，就发现了糖尿病是由于胰脏丧失功能使尿中糖分过多所引起的。这一工作是把胰脏同糖尿病联系的开始。这一发现导致后来用胰岛素控制糖尿病的医疗方法。

但是，他将上述疑点提出时，立即遭到许多人包括一些专家的冷嘲热讽：一个专家竟对司空见惯的狗尿"情有独钟"！但闵可夫斯基对此却不屑一顾，终于得出上述成果。

闵可夫斯基发现糖尿病的病因之后，许多科学家的实验也证实了同样的发现。例如 1899 年，德国医生冯·贝林等切除狗的胰脏，并缝合伤口，但狗仍在几天后因"糖尿病"死去。又如 1909 年，法国生理学家梅耶（1878~1934）将胰脏中分泌的激素命名为"胰岛素"，虽然此时胰岛素的分泌同散存于胰脏中的胰岛组织之间的关系仅是初步确定。不过，此时胰岛素还没被提取出来。

为什么叫"胰岛"呢？这是因为很少的分泌胰岛素的细胞分散在大量分泌胰酶的细胞中，好像水中的孤岛一样。由于德国病理学家兰格亨斯首先在一篇论文中提到它，所以又叫"兰格亨斯岛"。

　　科学家们在很长一段时间没能提取出胰岛素的原因是提取困难。他们采用的方法是，把胰腺捣碎，然后抽提。但是，由于胰腺里含有大量的蛋白水解酶——胰腺酶能分解蛋白质，这样，胰岛素这种蛋白质就在抽提过程中被这种酶破坏了，因而无法得到胰岛素。

　　于是，提取胰岛素的历史重任落到对它"念念不忘"的生物化学家们身上。有趣且使人感慨万端的是，取得这一重大成果的，是一位"不知天高地厚"的、年仅29岁的青年"外行"！他就是加拿大安大略省的外科医生班廷（1891～1941）。他是在对前述提取胰岛素的困难程度知之甚少的情况下大胆做这一工作的，甚至连他自己在已经取得这一成果之后还说："当时如果我知道文献中对这一课题的复杂性的论述的话，我恐怕就没有勇气研究它了。"可初生牛犊的确不怕虎，"外行"因为"不知难"倒可"胆大包天"。这类在科技中屡见不鲜的史实给我们重要的启示是，有时"门外汉"由于没有"框框"的约束，倒反而可以"潇洒走一回"，而"内行"们则因"循规蹈矩"而裹足不前。

　　班廷童年时期，他的一个女朋友因为得了糖尿病而死去，这使他对此深有感受，立志攻克这一疾病。1920年，他偶然在一本外科医学杂志上看到一篇文章，报道结扎胰导管可以使分泌胰腺酶的细胞萎缩，而胰岛细胞却不受影响。他读了以后很受启发，想来想去彻夜难眠，于是找出他的笔记本，在上面写道："结扎狗的胰导管，等候6～8星期使胰腺萎缩，这就避免了胰腺酶对胰岛素的破坏，然后再切下胰腺进行抽提。"他决心进行大胆地尝试。但当时在加拿大，只有多伦多大学的生理系有条件做这样的试验。于是他两次到那里，向生理系的教授、原籍英国苏格兰的生理学家麦克劳德（1876～1935）求助，请求允许他在那里做试验，但都被拒之门外。因为麦克劳德认为用这种方法是相当困难的。直到"三顾茅庐"，麦克劳德才终于勉强同意给他10只狗，允许他在暑假期间借用一间简陋的实验室工作8个星期。考虑到班廷本人是化学的"门外汉"，麦克劳德还为他配备了一位助手，就是即将毕业的医学院学生贝斯（1899～1978）。而麦克劳德本人则远涉大西洋，到家乡苏格兰度假去了。1921 年 5 月 17 日，29 岁的班廷与 27 岁的贝斯开始试验。两人密切配合，结扎狗的胰导管的工作由班廷负责，血和尿里葡萄糖含量的分析则由贝斯完成。他在夏季潮湿炎热、简陋的实验室里奋战了两个多月后，终于在 7 月 30 日午夜取得了成功。此时，他们给一只患糖尿病的狗注射了 5 毫升从狗的胰腺里提取出来的、极为宝贵的胰腺提取液，奇迹出现了——这只狗过高的血糖浓度迅速下降，一项伟大的发明发现就这样完成了。

1923 年，诺贝尔生理学和医学奖平分给班廷和麦克劳德，而对"发现胰岛素"也作出重大贡献的贝斯却遗憾地被排斥在外。但可贵的是，班廷把他奖金的一半给了贝斯；而麦克劳德也把他一半的奖金分给了 J. B. 科利普。科利普是一位擅长生物化学的科学家，他是在班廷和贝斯前述试验成功后参加提纯工作的；最后他们终于得到了较纯的"岛素"，并将其更名为"胰岛素"，其后是麦克劳德又改进了提取方法。

由于班廷、贝斯找到了得到胰岛素提取液的方法，而且通过实验证实了它能降低糖尿病的血糖，使尿糖消失，糖代谢恢复正常。这就建立起胰岛素分泌不足是糖尿病的直接病因的明确关系。因此，从 1922 年起，胰岛素已开始用于临床治糖尿病了。

不过，班廷、贝斯得到的还仅仅是胰岛素的提取液，而并没有得到结晶。后来又经过许多人，特别是美国生化学家艾贝尔（1857～1938）的努力，终于在 1925 年得到纯化的胰岛素结晶，并在次年投产，从此开始广泛用于临床。经过英国桑格这位惟一两获诺贝尔化学奖的化学家于 1945 年～1955 年的努力，终于搞清了胰岛素的全部化学结构，并因此于 1958 年独享诺贝尔化学奖。从 1958 年起，中国王应睐、纽经义等科学家领导的协作小组经过 7 年努力，在 1965 年 9 月 17 日人工合成了牛胰岛素，曾轰动世界。

胰岛素是胰脏中兰氏小岛细胞产生的一种物质。从结构上看，它是由 16 种氨基酸组成的蛋白质；从功能上看，它是调节控制生物体内新陈代谢的一种多肽激素。这种白色结晶粉末可用于糖尿病、精神病和神经性食欲不振等的治疗。

胰岛素的发现、提取、结构研究、人工合成，不但在医学上有重要地位，而且在分子生物学研究、生物化学研究中都有极其重要的地位。

原来，胰岛素虽然分子量大到接近 6 000，比氢原子大五六千倍，但与其他蛋白质相比，却要小到几或几十分之一。因此，它就理所当然地成为科学家们研究蛋白质的首选对象。通过对这种最简单的蛋白质的研究，人们就能获得对蛋白质的认识。事实上，正如前面所说，它成为第一个成功地进行氨基酸序列分析的蛋白质（1955，桑格），也是第一个由人工进行化学合成的蛋白质（1965，王应睐等）。由此可见，胰岛素在科学上的重要地位不可替代。

人、牛、猪、羊等不同属种的胰岛素，只是两条肽链上个别氨基酸不同，而没有质的区别。顺便指出，猪胰岛素分子的立体结构，也是中国在 1971 年测出来的。

对攻克糖尿病作出重大贡献的还有一个人，他就是 1887 年 4 月 10 日出生于阿根廷首都布宜诺斯艾利斯的豪塞利（B. A. Houssay）。这位神童 13 岁就完成了大学预科学业，被阿根廷最高学府——布宜诺斯艾利斯大学药学院破格录取，22 岁便成为该大学兽医学院生理学教授。动物体内的血糖水平是由分泌腺和激素来调节的，经常性的血糖浓度失调、过高，都是糖尿病的症状；而血糖平衡是通过胰岛素和肝脏来进行调节的。他通过研究发现，脑下垂体对血糖平衡中激素的调节是必不可少的，这就进一步阐明了糖尿病的发病机制和治疗途径。1924 年，他切除了狗和蟾蜍的脑下垂体或垂体前叶，发现有切除肾上腺的效果，大大降低高血糖的血糖浓度。而把狗的胰腺切除后，狗的血糖会增高而患糖尿病；而将它的脑垂体切除后病情会缓解，但又注射垂体液后病情会加重。他的这一系统的研究为临床治疗糖尿病提供了可靠的依据。为纪念豪塞利的功绩，医学界把切除垂体或胰腺的动物称为"豪塞利动物"，并与科里夫妇共享 1947 年的诺贝尔医学和生理学奖。

人们对糖尿病的研究，一直在继续。20 世纪 50 年代，苏格兰人邓恩（Shaw Dunn）在研究肢体严重压伤后肾损伤的起因时，尝试了各种方式，其一是用四氧嘧啶作注射。结果他意外地发现，四氧嘧啶会使胰脏的胰岛组织坏死。这一发现给糖尿病的研究提供了极有用的工具。

　　闵可夫斯基没有放过狗尿招苍蝇的疑点，引出对糖尿病的研究；"无知"的班廷因大胆的设想得到胰岛素，进而引出一系列的重大成果。看来闵可夫斯基留意意外之事、观察别具慧眼，和班廷能在文献的启发下别出奇招，都是我们应该借鉴和学习的。

　　胰岛素的最早发现者，世界医学界公认是罗马尼亚的 N. 帕包列斯库，他的发现比班廷早约 6 个月。

　　糖尿病的最早发现者是中国人，不晚于 7 世纪。医生甄权（卒于 643 年）在他著的、现已失传的《古今录验方》也提到过糖尿病。

克林顿的克星

2000 年 6 月 26 日，六国科学家完成了人类基因"工作草图"的测序，这成为当年"世界十大科技进展"之一。中国科学家参与并高质量完成其 1% 的任务，表明中国人有能力跻身国际科学前沿，这成为当年"中国十大科技新闻"之一。随着这一"草图"在 2001 年 2 月 12 日"正式版"的公布，和近年生物工程、基因工程的长足进展，"基因"、"克隆"、"DNA"等已成为时髦的词语。

"基因"是指含特定遗传信息的核苷酸序列，是遗传物质的最小功能单位。除某些病毒的基因由 RNA（核糖核酸）构成外，多数生物的基因由 DNA（脱氧核糖核酸）构成。1866 年，奥地利生物学家孟德尔（1822～1884）在其论文中最先提出遗传因子，认为生物性状由它控制。

1909 年，丹麦学者约翰森从英国生物学家达尔文的 Pan-genesis（泛生论）一词中抽出音节 gene，得到"基因"一词。1944 年，美国细菌学家艾威瑞（1877～1955）等人经过对肺炎链球菌转化因子的研究，开始揭示出基因的化学本质，证明基因由 DNA 构成，认定 DNA 是遗传物质。然而，他们的工作并未立即得到全部公认。直到 1952 年，经德裔美国生物学家德布吕克、美国噬菌体学家赫尔希的工作和其后奥地利生化学家查加夫的工作之后，DNA 是遗传物质的观点才开始得到公认。

1985 年，英国莱斯特大学遗传学家亚历克·杰弗里斯建立了"DNA 指纹"图技术的标准程序，并发表在英国《自然》杂志上。从此，一项新的检测术——"DNA 指纹图检测术"就诞生了。

以"亲子鉴定"为例，通过被测父子各自 DNA 的检测，便确定了各自的"DNA 指纹"，如相同，父子关系便得到确认。此法的优点是快速（最快只要 6 小时）、准确（准确率高达 99.9% 以上）。

在 1999 年美国总统克林顿绯闻事件中，联邦调查局（FBI）的科学家们对莱温斯基的连衣裙进行了检测，结果在连衣裙上找到了精子细胞。检测人员用"圣诞树"着色剂——它能使 DNA 所处的细胞核呈红色，使细胞核周围呈绿色。由于精子基本上不含细胞质，所以它们只呈现红色，容易辨认。虽然检测结果一直对外界保密，但参与检测的法医透露说，其结果让克林顿无言以对。

还有另一位美国总统的谜团也是靠 DNA 检测术揭开的。1802 年，在美国流传过关于第 3 任总统托马斯·杰斐逊（1743～1826）与他的女仆萨莉·赫明斯的流言蜚语，说两人有染而非婚生下几个孩子。杰斐逊对此不屑一顾，但政治反对派却把这一绯闻闹得沸沸扬扬。100 年后，一本全国畅销书认定，两人的关系确有其事，并猜想他们是真心相爱。直到 1998 年，科学家们找到了杰斐逊男性后裔的血样，经检测与赫明斯的一位男性后裔的 DNA 吻合，而前者与杰斐逊家族的渊源可以追溯到这位总统的叔父。可见赫明斯的孩子中至少有一个是她和这位总统所生。

路易十六的儿子路易·夏尔，是 1795 年死于巴黎的一座监狱的，还是设法逃脱资产阶级大革命的追捕的？这个问题已争论了 205 年。1999 年 12 月，科学家们从墓地中取出假定属于这位少年君主的心脏，并将它的 DNA 结构与健在和已故的皇室成员的 DNA 进行比较，证实他的确在童年就死在狱中，从而解决了这一历史悬案。

　　俄国十月革命后，苏联官方宣布沙皇一家于1918年7月19日被枪决。但一些历史学家指出，沙皇的幼女安娜丝塔西娅公主的尸体从未找到，很可能她在集体枪决中逃过一死。于是不断有人声称自己就是这位公主，其中有的人还绘声绘色地讲出宫中秘闻和自己的脱险经历。其中一位移居美国，甚至取得了几个沙皇亲戚的信任。但经过科学家们提取沙皇后裔和沙皇本人3岁时理发留下的头发的DNA样品，与这位移居美国的自称沙皇小公主的DNA样品比较，证明她也是"冒牌货"。不过，此时科学家们却大费周折，因为她早已死去。科学家们是从她生前做结肠癌手术时切下的一些组织片断，和她夹在书信中的几根头发才提取到上述DNA样品的。

　　DNA破案术还使一起冤案昭雪。1986年，美国得克萨斯州一位名叫德亚娜·奥格的16岁少女被奸杀。警方怀疑杀人凶手就是当地一位只有20多岁的名叫罗伊·克里内的小伙子。因为有3位证人在法庭上作证，克里内曾对他们说，他在奥格被奸杀那天晚上曾与一过路女子发生过性关系。检察官认定这一女子就是奥格，于是克里内因强奸罪被判9年监禁，虽然判他谋杀罪证据不足。1990年，克里内入狱服刑，但他和律师一直不服，但起初的申诉都被州的最高上诉法院驳回。后来，办案人员发现了被害少女身上一根香烟上残留唾液的DNA与克里内不符，加之克里内的律师还找到一个新的证人——当晚和克里内发生"一夜情"的女子，于是克里内的冤情终于昭雪。

双手掰开原子弹

谁能镇定自若、置生死于不顾去掰开原子弹呢？

历史上确曾有人这样干过。这听起来也许十分荒唐，但确有其事。这位"超人"就是加拿大科学家斯罗达博士。

二战期间，德国人用闪电战吞并了大半个欧洲，每天都有数以万计的人被屠杀。日本侵略中国和东南亚，还偷袭了美国珍珠港。面对这两个疯狂的强盗，各国都想研制一种新武器来对付他们。

一天，加拿大著名的核物理学家斯罗达博士，正在实验室里主持着原子弹引爆的"临界质量"试验工作。

临界状态是原子弹引爆的关键。原子弹的核装料（例如铀和钚）装置，平时要保持亚临界状态——低于"临界质量"，以确保安全；而在爆炸时，又必须使核装料迅速达到高超临界状态——高于"临界质量"，以实现链式裂变反应。

要实现从亚临界到高超临界状态的转变，有两种方法。一是积木式的拼凑法，比如把核爆炸装料分成两块（或三块），每块都小于临界质量，但如果合起来就大于临界质量。平时两块（或三块）分开放着，每块都处于亚临界状态，不能发生链式反应；如果将它们迅速地合起来，就组成了一块高超临界的核装料，便立即发生裂变而爆炸。第二种方法叫压紧法，利用普通炸弹的爆炸力把分散的浓缩核装料挤压在一起，使它超过"临界质量"而爆炸。斯罗达博士等的试验，就是在探索和解决这种引爆的问题。

那天，斯罗达正与同事们研究两块被放在轨道上的浓缩铀对合的"临界质量"。就在这时，一场意外的事故发生了：拨动铀块的螺丝刀突然滑落，两块铀在轨道上面对面滑动，距离越来越近；就在两块铀即将滑到一起的千钧一发之时，斯罗达奋不顾身地用双手把它们掰开了。

这铀块就是原子弹的"核"，只要合到一起，瞬间就会达到超临界状态而发生猛烈爆炸。斯罗达用自己的镇定和勇敢避免了一场极其可怕的灾难。

铀是一种强放射性物质，斯罗达这位优秀的科学家为了避免这场爆炸的灾难，受到高剂量的致命辐射，出事之后的第 9 天，他就离开了人世。加拿大政府和人民为了表彰这位优秀科学家对人类所作的贡献，把他誉为"用双手掰开原子弹的人"。

自杀者为何修改遗嘱

1906 年的一天，一个年仅 40 岁的人呆呆地走进图书馆——自杀之前的最后几个小时要在这里打发。当然，这是在痛不欲生的失恋者立下了遗嘱之后。

但是，这个准备轻生的德国人在读到一篇数学论文之后，他惊呆了！

于是，他修改了遗嘱。

他是谁，是什么论文有"惊呆"轻生者的巨大力量，他修改后的遗嘱是什么内容？

这还得从古希腊说起。

在古希腊，有一本影响力可以和欧几里得的《几何原本》一比高下的数学书——《算术》。它的作者名叫丢番图（约 246～330），也是一个古希腊数学家。

1621 年，一个 20 岁的青年在巴黎买了一本书——法国古典学者、数学家巴歇（1581～1638）翻译成拉丁文并自费出版的《算术》。1637 年，当这个青年读到了《算术》第二卷第 8 命题——"把一个平方数分成两个平方数的和"的时候，灵感来了。他就在旁边的空白处写下了一段话（已被翻译成当今的数学语言）："不定方程 $x^n + y^n = z^n$（其中 n 是大于 2 的整数，$xyz \neq 0$）没有自然数解。对于这个命题，我已经发现了一种美妙的证明方法。可惜这里的空白太小了，写不下。"

这个青年，就是法国数学家皮埃尔·德·费马（1601～1665）。后来，这个猜想被称为"费马大猜想"——被证明以后叫"费马大定理"或"费马最后的定理"。

1665 年 1 月 12 日，费马突然逝世。他墓碑最早安放在图卢兹的奥古斯丁教堂，后来移到地方博物馆。

费马辞世以后，他的长子克莱蒙-塞缪尔·费马意识到父亲的业余爱好具有重要价值，就用了 5 年时间，整理了父亲写在书页空白处的 48 条评注。他于 1670 和 1679 年在图卢兹分两卷出版了《附有皮埃尔·德·费马评注的丢番图的〈算术〉》一书，其中第二条评注就是费马大猜想。

费 马

流传开来的费马大猜想，使数学家们心驰神往——这么优美简洁的式子竟如此难以证明。于是，不少数学家为之前仆后继：莱布尼兹、欧拉、勒让德、高斯、阿贝尔、狄利克雷、柯西、库默尔、范迪维尔、林德曼……

其中，欧拉和勒让德在 1670 年证明了 $n = 3$ 的情形。最终败下阵来变得灰心沮丧的欧拉，竟要求一位朋友搜查费马的故宅，希望得到残留的有重要价值的只字片纸。莱布尼兹则在 1678 年证明了 $n = 4$ 的情形。勒让德（1823）和狄利克雷（1825）分别证明了 $n = 5$ 的情形。法国数学家拉梅（1795 ~ 1870）在 1839 年证明了 $n = 7$ 的情形。而法国女数学家索菲娅·吉尔曼（1770 ~ 1831）在 1879 正式发表的《哲学作品》一书中，则证明了当 $n \leqslant 100$ 而且是奇素数的情形……

拉 梅

库默尔

在这个艰难的"长征"中，德国数学家库默尔（1810～1893）取得了重大进展：他用自己创立的"理想数论"，在 1847 年证明了当 $n < 100$（但 $n \neq$ 37、59、67）的时候，费马大猜想都成立。后来，他还初步证明了当 $n = 37$、59、67 的时候，费马大猜想也成立。

但是，近 200 年过去了，数学家们还没有"大获全胜"。费马大猜想变成了"费马难题"。

于是，"脸上无光"的科学界搞起了"金钱刺激"。在 1816 和 1850 年，法国科学院先后两次悬赏金质奖章和 3 000 法郎，征求"能人"做"最后冲刺"。此外，还有另一个版本说：1823 和 1850 年，法国科学院先后两次悬赏 2 000 法郎。

不过，"重赏之下"依然没有出现"勇夫"。只有库默尔在 1856 年竞争悬赏大奖结束的时候，得到了悬赏中的奖章，而没有得到奖金。库默尔的论文涉及拉梅和柯西的方法不可能证明费马难题。

现在，轮到德国人"慷慨解囊"了。1908 年，德国哥廷根大学皇家科学会宣布，根据达姆斯塔特城的实业家俄尔夫斯开耳（1856～1906）留下的捐赠遗嘱，用 10 万马克（当时合 200 万美元）做奖金，来奖励证明费马大猜想的勇者和智者，限期 100 年。

这里提到的俄尔夫斯开耳，就是前面提到的那个轻生者。他也是一个有能力的数学家，也许研究过"费马难题"，但从来没有发表过这方面的文章。自杀前，他在图书馆看到库默尔的论文，而且认为其中有重大的逻辑漏洞。而这项奖金，也许是他对费马难题——这一挽救了他生命的数学之谜的回报。

不过，证明费马难题的论文，要在书籍或杂志上发表两年以后，才能参加评奖。由于哥廷根大学皇家科学会并不负责审查这些论文，所以德国的《数学和物理文献实录》杂志社主动承担了审查任务。

这家杂志社的"义务劳动"也并非"颗粒无收"——当数学家、数学工作者、工程师、牧师、教师、学生、政府官员、普通市民等等的稿件，如雪片般飞进编辑部的时候，这个杂志社也名扬四海。但是，当后来稿件太多而且审理困难的时候，这个审查过 111 个"证明"（全部都是错的）的杂志社，也只好选择了"放弃"。

10 万马克，这笔钱虽然因为第一次世界大战的恶性通货膨胀和随后的货币贬值而不值一提，但在 1919 年以前，依然诱人。

当然，数学家们主要不是"向钱看"，美国范迪维尔（1882～1973）就是这样。他从 20 世纪 20 年代开始的 30 年内，不但发现和改善了库默尔证明中的某些缺陷，而且和谢尔菲力基、尼可一起，在 1944 年证明了当 $n < 4\,002$ 的时候，费马大猜想成立。1977 年，瓦格斯塔夫借助于电子计算机证明了当 $n < 125\,000$ 的时候，费马大猜想成立。到 1994 年费马大猜想证明之前，这个数值已经被推进到 $n < 4000\,000$。

经过 8 年研究之后，1994 年 9 月 14 日，灵感进入普林斯顿大学的英国数学家安德鲁·维尔斯（1953～）的头脑。经过不到 1 个月的时间，他就写出了一篇长达 108 页的论文《模曲线与费马大定理》，并在 10 月 14 日寄出。论文弥补了他于 1993 年 6 月 23 日在牛津大学新成立的牛顿数学研究所里宣布"已经证明"时尚存在的漏洞。他攻克这个难题的梦想，来自于一本名为《大问题》的书——10 岁的时候，他在图书馆中发现，费马难题就记在这本埃里克·坦普尔·贝尔写的趣味数学书中。

维尔斯

在经过多位数学家长达半年的审查之后，维尔斯的证明终于得到数学界的承认。他也因"20 世纪最伟大的数学成就"荣获 1995/1996 年度的沃尔夫奖——"数学界的诺贝尔奖"。1997 年 6 月，500 名数学家齐聚哥廷根大学的大会议厅，亲眼目睹了 90 年之前的 10 万马克奖金（此时只值 5 万美元）"名花有主"。

幸运的维尔斯，用的是"谷山丰-志村五郎猜想"——用这个猜想就可以直接导出费马大定理。但遗憾的是，日本数学家谷山丰至死也不知道自己工作的伟大价值——他在 1958 年 32 岁的时候，就因为对生活失望而在自己的寓所自杀。志村五郎（1926～1958）也是一位日本数学家。

在经过 358 个寒暑之后，现代数学的"三大难题"终于尘埃落定。但是，同时一只"会生金蛋的母鸡"也被杀掉了。

这又是怎么一回事呢？

原来，德国数学家希尔伯特（1862～1943）曾经宣称，他找到了一把神秘的钥匙，能解开费马难题。但是，由于在求解它的过程中，数学家们有不少创新，一旦解决了这个难题，一些有益的"副产品"就得不到了，所以他故意回避而不予解决。于是他深情地说："我应当更加注意，不要杀掉这只经常能为我们生金蛋的鹅。"这里的"德国母鹅"，在"中国特色"化以后，可称之为"母鸡"。

费马留给我们的谜是：为什么他总是不公开他众多的研究成果？有人认为："这位隐身独处的天才有一种不可遏止的邪恶的癖好，他和别人的通信其实是一种智力上的挑逗—他写信经常叙述新定理而不透露任何证明的线索。"这种使人恼恨的挑衅行为，让法国数学家笛卡儿（1596～1650）说他是"吹牛者"，沃利斯则叫他"那个该诅咒的法国佬"。

费马是享有"长袍贵族"特权的法学学士、律师、国会议员，确实不愧为"业余数学家之王"。他是解析几何和概率论的创立者之一，他还在数论中发现"费马猜想"和"费马小定理"。连牛顿的微积分也是在"费马先生画切线的方法"的基础上发展起来的——牛顿死后 200 多年，有人在牛顿的一篇文章中发现了这样一个注记。

对此，英国数学家、哲学家怀特海（1861～1947）不无感慨地说，17 世纪是一个"天才的世纪"。确实，这个世纪中的确有我们耳熟能详的众多"大腕"：开普勒、伽利略、笛卡儿、帕斯卡、惠更斯、牛顿、莱布尼兹……

费马大定理的证明，为我们提供了一个解决数学难题的"范式"——当我们不能"一步登天"的时候，就"一步一个脚印"，积"跬步"成"千里"，最终"登顶"。

　　费马大定理确实生下了许多"金蛋"。费马从丢番图的《算术》中的不定方程开始创新，使不定方程的研究得到充实；1969 年英国数学家莫德尔（1888～1972）能写出专著《丢番图方程》，便得益于这些研究。库默尔的"理想数"这一新概念的提出对数论的贡献意义非凡。1983 年，德国乌珀塔尔大学的讲师法尔廷斯（1954～）证明了"莫德尔猜想"，当时认为是"本世纪解决的最重要问题"，因为费马大定理这类不定方程问题，仅仅是这个猜想的一个应用。他也因此荣获 1986 年的菲尔兹奖。这个猜想是英国数学家莫德尔在 1922 年提出来的。而维尔斯的证明，则强调了"几何思维"等。

　　人类智慧在这些"如歌岁月"里也接受了严峻的考验。到了 20 世纪 40 年代，费马难题还没有看到曙光的时候，有人就认为它是一个不可判定的命题。以致沿着这个思路，前苏联数学家马蒂塞维奇等人还"证明"了费马大猜想是不可证明的。一位哲学家也说它是"人类思想的极限"。所以，解决费马难题，在哲学上也有重大意义—极限也是可以突破的。

　　特别值得一提的是，所有的人都认为，与费马当年写下的页边笔记时脑海里所涌现的证明相比，维尔斯的证明实在太复杂了。除非费马错了，否则一个更简单而又精巧的证明正等待着你去发现。

　　其实，维尔斯的证明是否太复杂了，还是费马错了，都无关紧要，因为人类在其中满足了自己的最高欲求——探索的乐趣。这正如中国最早的马克思主义者之一李大钊（1889～1927）所说："人生最有趣的事情，就是送旧迎新，因为人类的最高欲求，是在时时刻刻创造新生活。"

伯努利级数面前的创新

瑞士数学家雅各·伯努利（1654～1705），是当年著名的伯努利数学家族中的佼佼者。他对无穷级数很有研究，也求出过一些无穷级数的和。

$\frac{1}{1^2}+\frac{1}{2^2}+\frac{1}{3^2}+\cdots$，被称为伯努利级数。但是，"伯努利级数"却"徒有虚名"——伯努利对这级数的求和问题一筹莫展。于是他声称，如果谁能求出这个无穷级数的和并把方法告诉他，他将非常感激。但伯努利一直未能如愿以偿，直至生命的终结。

雅各·伯努利

伯努利死后两年，欧拉出生了。他求得这个和为 $\pi^2/6$。

那么，欧拉是用什么方法求得这个和的呢？

欧拉设 $2n$ 次代数方程（1）$b_0-b_1x^2+b_2x^4-\cdots+(-1)^nb_nx^{2n}=0$ 的 $2n$ 个不同的根是：$\pm\beta_1$，$\pm\beta_2$，$\cdots\pm\beta_n$。

我们知道，两个代数方程如果有相同的根，而且常数项相等，那么其他项的系数也应分别相等，所以有

$b_0-b_1x^2+b_2x^4-\cdots+(-1)^nb_nx^{2n}=b0(1-x^2/\beta_1^2)(1-x^2/\beta_2^2\cdots(1-x^2/\beta_n^2)$。

比较上式等号两边 x^2 的系数，就得到方程（2）$b_1=b_0(1/\beta_1^2+1/\beta_2^2+\cdots+1/\beta_n^2)$。

现在，考虑三角方程 $\sin x=0$，它有无穷多个根：0，$\pm\pi$，$\pm2\pi\cdots$。把 $\sin x$ 展开为级数后的方程两边除以 x，就得到方程（3）$1-x^2/3!+x^4/5!-$

$x^6/7!$ $+\cdots=0$。

显然，（3）的根是：$\pm\pi$，$\pm 2\pi\cdots$

本来，（3）的左方有无穷多项，也不是代数方程，明显与（1）不同。但是，欧拉不管这些，硬拿（3）与（1）来做类比，并对（3）运用（2），就得到 $1/3!$ $=1/\pi^2+1/(2\pi)^2+1/(3\pi)^2+\cdots$

这个式子就是有名的 $\pi^2/6=1+1/2^2+1/3^2+\cdots$

这样，欧拉就解决了"伯努利难题"。其结果刊登在 1734 年欧拉的一篇文章中。

从以上可以看出，类比推理的基本过程是 5 个：确定研究对象；寻找类比对象；将研究对象和类比对象进行比较，找出它们之间的相似关系；根据研究对象的已知信息，对相似关系进行重新处理；将类比对象的有关知识类推到研究对象上。

将这 5 个过程综合起来，就得到以下类比推理的动态结构图：

欧拉的类比虽然巧妙、大胆，但却有失严密。因为虽然"一元 n 次方程有 n 个根"是成立的，但没有"一元无限次方程有无限个根"这个定理，更不知道一元无限次方程的根与系数

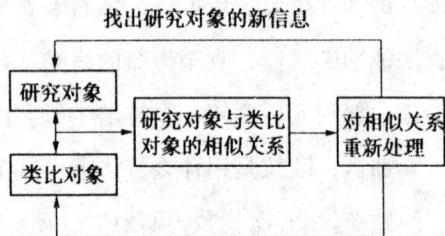

的关系。因此一些人指责他将有限项方程过渡到无限项方程缺乏可靠的逻辑依据。这正是："常恨时人新意少，木秀于林又招风。"

欧拉自己也认识到这一点。因此，他不为求得答案而满足，而是采用其他方法继续研究，以回答这些人对他的诘难。欧拉最终找到了求该级数和的严格方法，并发表在他的大作《无穷分析引论》之中，这本书于 1748 年在瑞士洛桑出版。

欧拉通过有失严密但却巧妙、大胆的类比，得到了正确的结论。从这件事中，我们可以得到以下有益的启示。

在科学研究中，不能囿于现成的"严格"理论而裹足不前，不敢越雷池

一步，不敢进行创新，否则就会错过碰到鼻子尖的真理而一事无成。

挪威数学家阿贝尔（1802～1829）在1826年写道："在数学中几乎没有一个无穷级数是以严格的方式确定出来的。"所以，我们要敢于冲破"有限"，直取"无穷"，进而得到真理。如果事事要有依据，墨守原有理论，就不可能走得更远。正如英国数学家拉姆（1849～1934）那广为流传的名言所说："一个非亲自检查桥梁每一部分的坚固性而不过桥的旅行者，是不可能远行的。冒险尝试是必要的，在数学领域也应如此。"中国著名学者王梓坤（1929～）也深谙此道："在科学研究中，不仅需要严格，而且还需要'不严格'……"

事实上，在科学史中从"不严密"出发得出"严密"的例子不止一个。

欧拉

在17世纪下半叶，牛顿和莱布尼兹发明微积分理论的时候，使用了"不严密"的"无穷小"。他们将无穷小"招之即来，挥之即去"的做法并不严密，因而遭到许多人的反对，但这并不影响微积分理论的正确性。19世纪后半叶，人们终于用严密的极限理论代替了无穷小，使微积分理论建立在可靠的基础之上，达到了微积分理论的"严密"。

对于欧拉的创新，我们不妨借英国哲学家弗朗西斯·培根（1561～1626）来赞赏："推理建立起来的公理不足以产生新的发现，因为自然界的奥秘远胜过推理的奥秘。"

科学的活水，永远在创新的河床上奔流……

在通往"1＋1"的道路上

1742 年，是一个数学家们至今仍难以忘怀的年头。

这一年的 6 月 7 日，德国数学家哥德巴赫（1690～1764）给当时住在彼得堡的瑞士数学家欧拉（1707～1783）写了一封信。哥德巴赫在信中猜想说：每一个大于 5 的偶数都是两个奇素数的和——通常称为"偶素数哥德巴赫猜想"；每个大于 8 的奇数都是三个奇素数的和——通常称为"奇素数哥德巴赫猜想"或"三素数猜想"。

在同一年的 6 月 30 日，欧拉给哥德巴赫回了信，认为这个猜想可能成立，并对哥德巴赫的两个猜想作了补充和归纳：只需要说明每个大于 2 的偶数都是两个素数之和就行了。

1770 年，英国数学家华林（1734～1789）在发表的《代数沉思录》一书中，把哥德巴赫和欧拉的这些通信内容公布出来以后，当时的数学界就把他们谈到的问题称为"哥德巴赫猜想"，通常简称"1＋1"。

那么，"1＋1"是否成立呢？

158 年过去了，数学家们只是验证了 3 300 万以内的偶数，"1＋1"都是成立的，而没有人能证明"1＋1"是否成立。此时数学界觉得有点"脸上无光"了。在这个背景下，德国大数学家希尔伯特（1862～1943）要"大声疾呼"了。

1900 年，第 2 届国际数学家大会在巴黎召

1999 年中国发行科技专题邮票纪念哥德巴赫猜想

开，希尔伯特提出了著名的"23 个问题"。他把"偶素数哥德巴赫猜想"和另外两个相关的问题概括在一起，列为其中第 8 个问题。

由于希尔伯特的"大会动员"，"脸上无光"的数学家们加紧了研究的脚步。

但是，数学家们很快就发现，"1 + 1"确实是一块难啃的"硬骨头"。

那么，这"骨头"有多"硬"呢？在 12 年以后 1912 年召开的第 5 届国际数学家大会上，德国数学家朗道（1877 ~ 1938）说，即使要证明较容易一点的命题——任何大于 4 的自然数都是'C 个'素数的和（这被称为"弱型哥德巴赫猜想"），也是现代数学所力不能及的！

当然，也有数学家对朗道的"悲观"不以为然。例如，9 年之后的 1921 年，在哥本哈根召开的一次国际数学会上，英国著名数学家、数论大师哈代（1877 ~ 1947）就在会上说，哥德巴赫猜想的困难程度，可以和任何没有解决的数学难题相比，但不是像朗道所说的那样绝对。

考验人类智慧和创新能力的时候到了！

数学家们证明"1 + 1"的创新思路有以下两条。

"思路一"：把朗道所说的"C 个"先定得大一些，然后再逐步缩小，直到"C 个"等于 2 的时候，"1 + 1"就被证明了。

"思路二"：先证明"$n + m$"（这里的 n 和 m 可以相等，也可以不相等），然后再逐步缩小 n 和 m，直到 $n = 1$ 和 $m = 1$ 的时候，"1 + 1"就被证明了。

可以看出，这两种思路的共同点是，都使用了科学研究中的 种重要方法——逐步逼近法。

果然，这两种创新思路——特别是"思路二"，都取得了重大成果。

沿着"思路一"，25 岁的前苏联数学家什尼列尔曼（1905 ~ 1938），创造了"正密率法"，首先把"C 个"确定为不大于 80 万。接着，就有了如表 1 所示的一系列成果。

表1

C 的结果	年代	获得结果的数学家
2008	1935	前苏联罗曼诺夫（1907～?）
71	1936	德国或加拿大海尔布隆（1908～1975）、德国朗道、德国西尔克
67	1937	意大利雷西
20	1950	美国夏彼罗、美国瓦尔加（1922～）
18	1956	中国尹文霖（1928～1985）

此外，在1937年，前苏联数学家维诺格拉多夫（1891～1983）用改进了哈代和李特尔伍德等在20世纪20年代创立的"圆法"，和他本人独创的"三角和估计法"，基本上完全证明了"三素数猜想"，使它成为"三素数定理"。

这里提到的哈代（1877～1947）和李特尔伍德（1885～1977），都是英国数学家。

沿着"思路二"，在1920年，挪威数学家布龙首先用他发明的"布龙筛法"，取得了"9＋9"的成果。接着，就有了如表2所示的一系列重大成果。

表2

$n＋m$ 的结果	年代	获得结果的数学家
9＋9	1920	挪威的布朗
7＋7	1924	德国雷特马赫（1892～1969）
6＋6	1932	英国埃斯特曼
5＋7，4＋9，3＋15，2＋366	1937	意大利雷西
5＋5	1938	前苏联布赫什太勃
4＋4	1940	布赫什太勃
1＋m（m是常数）	1948	匈牙利瑞尼（1921～1969）
2＋3	1950	美籍挪威人塞尔伯格（1917～）
3＋4	1956	中国王元（1930～）
3＋3，2＋3	1957	王元

续表

$n+m$ 的结果	年代	获得结果的数学家
1 + 5	1961	前苏联巴尔班
	1962	中国潘承洞（1934 ~ ）
1 + 4	1962，1963	王元，潘承洞、巴尔班
1 + 3	1965	布赫什太勃、前苏联维诺格拉多夫（1891 ~ 1983）、德国（一说意大利）波皮里
1 + 2	1973	中国陈景润

中国数学家陈景润（1933 ~ 1996）在 1966 年发明了迄今为止最卓越的筛法——"加权筛法"，并证明了"1 + 2"。这被誉为"移动了群山"的成果，至今无人能超越。

埃拉托色尼的"筛子"

在得到上面的众多成果中，数学家们对数学方法——特别是筛法，进行了许多改进和创新。通俗地说，筛法就是像筛子一样把合数和素数分开的方法。最古老的筛法是"埃拉托色尼筛法"，它的发明者是古希腊数学家埃拉托色尼（公元前284 至 274 ~ 前 194）。上面没有提到的创新的筛法就有"塞尔伯格筛法"，前苏联数学家林尼克（1915 ~ 1972）创立的"大筛法"，以及这些筛法的各种改进版本等。由于这些方法比较深奥，所以这里不予叙述。

此外，包括我国的华罗庚（1910 ~ 1985）在内的许多中外数学家，都对筛法和证明"1 + 1"作出过不同的重要贡献。

虽然"1 + 1"至今仍然没有攻克，但是数学家们和社会各界却一直在努力。例如，在 2000 年 3 月 18 日，英国费伯和美国布卢姆斯伯里两家出版社，就曾悬赏 100 万美元奖励在两年内证明"1 + 1"的人。不过，也有人认为这是在为一本小说做宣传而进行的炒作，这本小说是希腊作家阿波斯托洛斯·佐克西亚季斯的《彼得罗斯大叔和哥德巴赫猜想》。就在此事发生不久，美国的科雷数学基金会也悬赏 100 万美元，为包括"1＋1"在内的"七大数学难题"求解，限期是 100 年。

由于"1＋1"表述非常简单而优美，而且似乎只要有"素数"等初等数学知识就能"搞定"，所以吸引着无数专业和非专业的"数学迷"前仆后继地去为它宵衣旰食。但是，摘取"1＋1"这顶"数论王冠上的宝石"，却有常人想象不到的难度。对此，德国数学家联合会主席旋特洛特曾说："别说 100 万美元，就是 1

陈景润

亿美元的重奖也未必能加快问题的解决。"200 多年以来的"先行者"无一不铩羽而归的前车之鉴告诉我们，一定不要轻易去求证这一难题。

这里，我们不妨举出一个近期的例子。在 2000 年 3 月 18 日英、美那两家出版社悬赏 100 万美元之后的两年里（即 2002 年 3 月 15 日前），中国科学院数学研究所就不断有声称已经破解了"1＋1"的"民间数学家"的来信或来访。其中，既有农民、工人，也有中学教师、企业"高工"。在吃了闭门羹之后，一些"民间数学家"就声称，要把自己的成果直接寄到国外著名的数学刊物上去发表。但必然的"遗憾"是——从此"泥牛入海"，销声匿迹……

但是，希尔伯特那豪壮的"我们必须知道，我们必将知道"的名言，仍会激励着那些有一定数学功底、敢于在崎岖小路上向顶峰攀登并做好失败心理准备的人们。我们祝愿，智慧的人类早一点解决这个难题。

从理论上说，大自然的规律最终是可知的，但却又是一步一步无限接近的。所以，人类是否能在某个时间之内（例如"地球毁灭"之前）最终解决这个难题，特别是用不太长的时间（例如在 21 世纪内）——谁也说不准。

因为——"科学是不能计划的。"

不管我们走多远，脚下的路永远都是起点。

在通往"1＋1"的道路上，无数先贤呕心沥血而不计成败得失。因为他们深信："最渺小的作家常关注着成绩和荣耀，最伟大的作家常沉醉于创造和劳动。"因为他们深信："劳动本身就是人生的目标。"

"两面神"引出新理论

赵玉祥——山西省一个"不起眼"的中学生。

可就是这个中学生，在 1986 年竟使制造保险锁的工程师们大吃一惊。

赵玉祥的巧妙发明是：他去上学的时候，在外面用普通门锁把门锁上，屋里的人照样可以开门出去；屋里的人插上插销，外面的人也可以开门进去。当然，这只有拿钥匙的自家人才能做到。

这项发明说来也很简单：用一长一短两片门锁搭扣，重叠起来，都钉在门框上，短的在里面固定，长的在外面，可以活动，而且朝屋里的一端做成钩状，以便钩住插销。

这样，外面的人虽然用锁锁上，但屋里的人拉开插销照样可以开门出去；屋里的人插上插销，外面的人只要把那片活动门锁搭扣往下按动，钩子离开插销，也可以把门打开。

赵玉祥用了两面神思维和逆向思维方法，巧妙的解决了保险锁才能解决的问题，从而获得了第三届全国青少年科学创造发明一等奖。

那什么是两面神思维，这种方法的要点又是什么呢？

原来，古罗马神话中的门神，有两副表情截然不同的面孔，能同时转向两个相反的方向，从两个相反的方向去观察事物，人们称它为"两面神"。近代精神病学家卢森堡曾把具有创造性的人物的思维归结为"两面神思维"。所谓两面神思维，是指同时积极地构想出两个或更多并存的，或同样起作用的，或同样正确的相反的或对立的概念、思想或印象。

假如能把这些事物合并成一个事物，这样就容易产生创造性的发现或者发明来。最常见的例子是一枚硬币同时有两个面：一个字面，一个画面。还有一种正反面都可以穿着的两用风衣或两用夹克衫。

在科学史上，许多有创造才能的科学家、发明家，都经常用两面神思维去思考问题，从而引出惊人的发现和创造。

400 多年前，意大利科学家伽利略（1564～1642）正是运用了两面神思维方法，推翻了大科学家亚里士多德（公元前 384～前 322）的一个被世人深信了近2000 年的理论——重物体比轻物体落得快。伽利略这样设想：如果亚里士多德的理论正确的话，那么把一个重物和轻物捆绑在一起，落下去情况将怎样？

伽利略

无非有两种可能：一种是比原来的一个重物落得更快，因为两个物体比原来的一个更重；另一种可能是下降速度介于两者之间。因为重物要加速，轻物要减速。然而这两种情况互不相容。这就证明了亚里士多德的错误。

1672 年，牛顿（1643～1727）向英国皇家学会递交了一篇《关于光和色的新理论》的论文，提出了光的微粒说——光由许多机械微粒组成。虽然他的同胞胡克（1635～1703）认为微粒说不具有惟一性和必然性，荷兰科学家惠更斯（1629～1695）等主张光的波动说——光是一种在媒质中传播的机械波，但在当时微粒说更符合人们的直觉，加上牛顿的威望等因素，微粒说占了上风。

牛顿

1801 年，英国物理学家托马斯·扬（1773～1829）在皇家学会宣读了《关于薄片颜色》的论文，提出了干涉、波长等概念，用著名的双缝干涉实验支持了波动说，使沉寂了近百年的波动说又复活起来。同时，法国科学家菲涅耳（1788～1827）给光的偏振现象建立了经过实验检验的数学模型，英国科学家麦克斯韦（1831～1879）提出了光的电磁场理论，赫兹用实验证实了电磁波的速率等于光速，光作为一种电磁波得到了举世公认。这样，在 19 世纪下半叶，光的波动说就占了统治地位。

为了解释黑体辐射，德国科学家普朗克（1858～1947）在1900年提出了一个大胆的能量子假说——黑体辐射的能量变化不是连续的。然而，他只是将能量量子化作为一种方便的计算手段，并没有赋予它真实的物理意义；更没有意识到把能量量子化，根本背离了经典力学和经典电动力学。

6. Über einen
die Erzeugung und Verwandlung des Lichtes
betreffenden heuristischen Gesichtspunkt;
von A. Einstein.

Zwischen den theoretischen Vorstellungen, welche sich die Physiker über die Gase und andere ponderable Körper gebildet haben, und der Maxwellschen Theorie der elektromagnetischen Prozesse im sogenannten leeren Raume besteht ein tiefgreifender formaler Unterschied. Während wir uns nämlich den Zustand eines Körpers durch die Lagen und Geschwindigkeiten einer zwar sehr großen, jedoch endlichen Anzahl von Atomen und Elektronen für vollkommen bestimmt ansehen, bedienen wir uns zur Bestimmung des elektromagnetischen Zustandes eines Raumes kontinuierlicher räumlicher Funktionen, so daß also eine endliche Anzahl von Größen nicht als genügend anzusehen ist zur vollständigen Festlegung des elektromagnetischen Zustandes eines Raumes. Nach der

发表在1905年《物理年鉴》17卷132～148页上的论文《关于光的产生和转化的一个试探性观点》首页

就在普朗克犹豫徘徊，大多数物理学家对他的能量子假说不以为然的时候，爱因斯坦的论文《关于光的产生和转化的一个试探性观点》发表了。论文不但提出了著名的光量子假说，并运用它成功地解释了光电效应现象，以及一系列与光的产生和转化有关的问题；而且明确地认识到量子概念的重要性，又强调了光的粒子性。这就解决了微粒说和波动说的矛盾。

光量子的出现，必然要求人们把微粒说和波动说这两种对立的学说一起融入到光的波粒二象性理论之中。但是，波粒二象性理论却使经典物理学面临着"光的波粒二象性悖论"的挑战。因为在经典物理学中，波和粒子是对立的、互不相容的——一种物质不可能既是粒子又是波。光有时是波，有时又必须是粒子——在经典物理学中这种矛盾无法调和。

显然，在经典物理学中这个悖论无法解决。对此，爱因斯坦曾经这样说："我们面对的重大问题无法在我们制造出这些问题的思考层次上解决。"

当人们不容纳光量子的时候，爱因斯坦已经远远超越当时的认识水平——把光看成既是粒子又是波。

爱因斯坦

康普顿

吴有训

这种新观点认为波动和粒子图像在辐射理论中可以彼此相容——实际上解决了上述悖论。

光电效应和1923年美国物理学家康普顿（1892～1962）、中国物理学家吴有训（1897～1977）发现的"康普顿效应"，无可辩驳地证明光具有波粒二象性。

当然，爱因斯坦不止一次使用两面神思维。

1913年夏，居里夫人和爱因斯坦结伴，带着他们各自的子女到瑞士东部的一个风光秀丽的山地旅游。当他们攀登到一个山顶的时候，爱因斯坦突然抓住居里夫人的手臂喊到："夫人，你想，我需要知道的，就是当一个升降机掉进空中时，那里的乘客会出现什么情况？"这突如其来的"滑稽忧虑"，使在场的孩子们哄然大笑。

其实，孩子们哪里会想到爱因斯坦正以激动人心的两面神思维方法，发现了一个惊人的秘密，那就是升降机里的重力感觉，恰恰是加速度上升的惯性所引起的，由此揭开了震惊科学界的一个重要原理。这个原理正是爱因斯坦在两年以后提出的广义相对论的重要理论基础。

从这两个故事可以看出，爱因斯坦显示出超人的智慧、令人惊叹的远见卓识和大胆的创新精神——典型地运用了两面神思维。

从尖铁棒到等离子带

1753 年，在美国的勃兰地兹，出了一件"怪事"：一些房屋上竖起了一根根铁棒，它们的尖端直指苍穹。

"这还了得，竟敢把'矛头'指向上帝！太不吉利了，太不吉利了！"

在教会和保守势力这样的蛊惑下，一些居民当晚就偷偷拆下了这些尖铁棒。

"不吉利"果然降临人间——一阵挟着雷电的暴风骤雨之后，没有那种尖铁棒的、"神圣"的教堂着火了。

愚昧付出了惨痛的代价，而装有尖铁棒的房屋则安然无恙——这和"太不吉利"的预言正好相反。

我们知道，那些尖铁棒就是西方最早的避雷针，它是美国科学家富兰克林（1706～1790）首先在这个地区试用的———一年前的夏天，他作出了这个发明。而有史料记载的世界上的第一根避雷针，则出现在中国的唐代武则天时期（684～704）。那时五台山的五个"台顶"曾建立过"镇龙"铁塔———一种避雷针。

富兰克林的避雷针的原理，是用"尖头"来引雷，这在理论上完全正确———与其对空中积累的电荷进行"堵拒"，倒不如"引导"，就像大禹当年治水"疏通九河"那样。

但是，当尖头避雷针在 1762 年传到英国以后，英国国王乔治三世（1738～1820）在约 1780 年却认为：避雷针应该做成钝头的形状，这样才

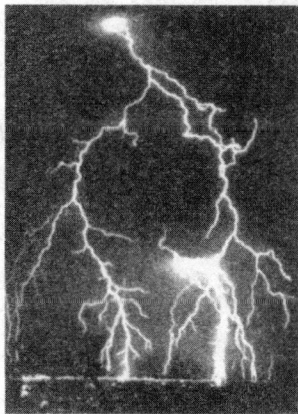

闪电:撕天裂地

可以"拒雷"。

于是，一场关于避雷针形状的争论，就持续了100多年。

在20世纪，美国物理学家莫尔对避雷针形状进行了30多年的研究，最后得到了正确的结论：用钝头避雷针"引雷"来避雷，比用尖头避雷针"拒雷"来避雷的效果更好——富兰克林和乔治三世各对一半，各错一半。

富兰克林

但是，人们却不止一次地发现，即使装上钝头避雷针或避雷带，也不是进了"保险箱"——"雷公"、"电母"年年岁岁光顾，雷击灾难岁岁年年降临。

这又是什么原因呢？科学家们终于开了窍：安装避雷针或避雷带是被动地"守株待'雷'"；而且，时机也不好——不是把它消灭在"摇篮"之中，而是等它长成"大器"之后。

这下拨云见日了——要主动出击，要趁早动手！

基于这种思路，世界各国主动出击、趁早动手的避雷发明百花齐放。

在1990年的北京亚运会的建筑物上，发明家采用的是一种全新的避雷措施，这就是当时中国最新研制成的"半导体消雷器"。

半导体消雷器的原理是，变传统的被动引雷为主动消雷，把雷击消灭在发生之前的"萌芽状态"。当空中聚集到一定量电荷的时候，消雷器就能"感觉"出来；在可能形成雷击之前，消雷器就主动出击，自动发出电流，去把空中电荷中和掉。消除了空中积累的电荷，"雷公"、"电母"就无法耀武扬威了。

由于这种主动"消雷"的办法，能百分之百地消除由地面向上发展的雷电，所以各国竞相研制。此前美国研制的消雷器能发出毫安级的电流；而中国研制

避雷装置

火箭引雷成功（下部是火箭带引的细金属丝放电弧熔化的白光）

的这种消雷器，能发出安培级的强大中和电流，是美国消雷器的 1 000 倍。

但是，空中的雷电成因十分复杂，至今有些规律还没有摸清，所以雷击事故仍"涛声依旧"。比如，近年在美国，仅因夏季雷电每年就有大约 500 人死伤，而给电力公司造成的损失则超过 1 亿美元。2007 年 5 月 23 日下午 4 时 20 分，在重庆开县义和镇兴业村小学，也发生过小学生 7 死 44 伤的球形雷击悲剧。

为了更好地主动出击和趁早动手，美国科学家发明了一种"超级避雷针"。

早在 30 多年以前，美国科学家就产生过让酝酿雷雨的乌云在安全的时刻和安全的地点放电的想法。当时，他们在佛罗里达州进行试验，在雷雨乌云还没有"成熟"之前，就向它发射带有接地导线的火箭。让乌云里的电荷在形成闪电之前，就顺着导线进入地下，也就减少了产生雷电的可能性。不过，发射每枚价值 1 200 美元的火箭费用昂贵，也不是十分可靠。再说，也不可能频繁发射：在人口稠密地区，发射后的火箭残骸落地，遭到过居民的反对。此外，失败的可能性达到 40%：不是导线断落，就是发动机发生故障。有时，引来的闪电突然离开导线，分成几股"流窜作案"。

于是，科学家又产生了试验激光避雷的想法：在空中建立一条输导电流的等离子带，让雷电沿等离子带直接引向地下。激光避雷法的关键是要保护好激光发射机免遭雷击——用被普通避雷针包围的反射镜把激光射向雷雨乌云。这种激光发射机——"超级避雷针"应该价格低廉，以便所有重要的设施都能安装。

在 2005 年，激光避雷法取得令人鼓舞的成果，使引雷技术向实用化迈进了一大步。科学家建起的输导等离子带长 100 多米，直插乌云。激光束改变了雷电走向，使它沿着这条带子直达地下或引向避雷塔。激光避雷法不仅使人的生命和设备变得安全，还能影响天气。例如，随着闪电出现的雷声震撼了乌云，就把小水珠聚成大水滴开始降雨。激光避雷法既避免了闪电，又防止了暴雨，或许——还能制止一场引起灾难的冰雹。

此外，近年许多国家还研制出了放射性同位素避雷针——用镅（Am）－24 放射出有很强电离能力的 α 射线，把空中的电荷引到地下。

测量高温的"尺子"

拿起一般的体温表,你就会看到,它的刻度范围通常在35℃～42℃之间。类似,气温表也不能测量50℃以上的"高温"。

科学家的设计是合理的——通常体温和气温分别不超过42℃和50℃。这样做的好处是,在同样长度内,刻度会"精细"些——例如体温表就有0.1℃的刻度,可以更准确读出被测的体温。

但是,在实验室里的普通温度计就不一样了一它们可以测量100℃甚至更高的温度。

上述三类温度计的外壳,都是用玻璃做的。于是,第一个问题凸现出来:一般玻璃的软化点,通常不超过1 300℃,而实际能测的温度则比这低得多,那比这高的温度怎么测呢?

上述三类温度计,都是利用物质(通常是酒精或水银)热胀冷缩的原理制成的。于是,第二个问题凸现出来:超过酒精沸点78.5℃的温度,酒精温度计就无法测量;超过水银沸点357℃的温度,水银温度计就无法测量。

塞贝克

这两个问题,一直困扰了科学家许多年。

1821年,德国物理学家托马斯·约翰·塞贝克(1770～1831),在实验中发现了一个"奇怪"的现象。他把两根不同的金属棒的两端分别焊接起来,组成一个闭合电路。然后把一个接头放在火炉上烧,而另一个接头保持温度不变,发现放在电路旁边的小磁针竟发生了偏转!

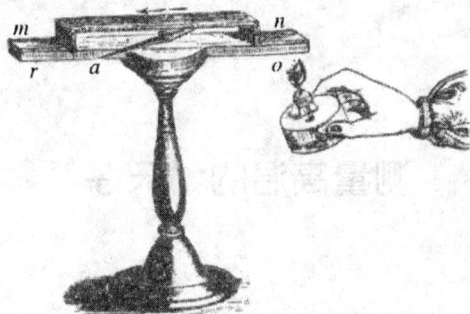

塞贝克效应：加热不同金属的闭合电路产生电流

这是怎么回事呢？

原来，金属棒的两个接头之间的温度有了差别，闭合电路中就产生了电流。这电流产生的磁场就使小磁针发生了偏转。

塞贝克还发现，两个接头处的温差越大，电流也越大。这种由温度之差产生的电流现象，叫做"热电效应（现象）"或"温差电偶效应"，也叫"塞贝克效应"或"热电第一效应"。

这下有门了。如果能把这个电流的大小测量出来，那不就知道温度的高低了么？

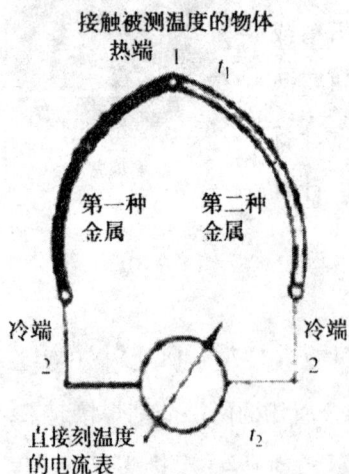

接触被测温度的物体
热端 t_1

第一种金属 第二种金属

冷端 冷端

直接刻温度的电流表 t_2

热电（偶）温度计示意

根据这个思路，人们把两种不同性质的金属导线的一端焊接在一块儿，称为热端，没有焊接的另一端，叫做冷端，再联接一个电流表，形成一个闭合回路，就制成了热电（偶）温度计。当然，电流表上刻的是温度——和电流大小是一一对应。测温的时候，只要把热端插入需测量的物体内，并保持冷端的温度不变就可以了。1830 年，就出现了这种热电偶。

这个办法，对合金也是适用的，即某种合

金可以看成是上面所说的某一种金属。

热电温度计，一般简称热电偶，它可以用不同的材料制成，以适应不同温度段的测量。广泛使用且常见的有三大类：铂铑合金-铂热电偶——长时间使用测1 300℃以下的高温，短时间（指几小时，下同）使用测1 600℃左右的高温；镍铬-镍铝合金热电偶——长时间使用测900℃以下的高温，短时间使用测1 200℃左右的高温；镍铬—考铜合金热电偶——长时间使用测600℃以下的高温，短时间使用测800℃左右的高温。

此外，钨–钼、碳–钨和碳–碳化硅等特殊热电偶，可长期测量1 300~2 000℃的高温。钨-铼、钨-钛热电偶能长期工作在1 950~2000℃下。一种铂合金与铂制作的热电偶，更可以测2 800℃的高温。

一座大型炼铁高炉，就得用上百支热电偶，测量炉基、炉腰、炉身、炉顶等部位的温度。

热电偶的发明，突破了用热胀冷缩原理测量温度的方法，解决了前面说的第一个问题，在很大程度上解决了前面说的第二个问题，是重要的创新。

测量温度的另一种创新，是发明辐射热测量计。

1835年，德国血统的俄籍物理学家楞次（1804~1865）等发现，金属的电阻随温度的增高而增大。于是，突破用热胀冷缩原理来测量温度，又有了另一种仪器——辐射热测量计。它是A．F．斯文贝尔格在1857年发明的。O．P．兰利在1881年和O．卢默在1890年，都分别做过重大的改进。1860年德国威廉·西门子（1822~1883）发明的遥测式电阻温度计，也是这类温度计。这个威廉·西门子，就是德国著名的西门子公司的主要创始人之一——维尔纳·西门于（1816~1892）的弟弟。

但是前面说的第二个问题还没有完全解决——更高的温度还无法测量。同时，还有更棘手的第三个问题—不能"直接接触"的物体的温度，又怎么

楞次

测量呢?

这个时候,光学高温计出现了。

物体被加热到一定温度的时候,就会发出可见光,而且发光的颜色随温度变化。比如,把钢铁放到炉子里烧,它的颜色和温度有大致如下的关系:暗红光500℃,深红光600℃,鲜红光1 000℃,橙黄光3 000℃,黄白光6 000℃,白光12 000~15 000℃,蓝白光25 000℃,等等。而且,物体的温度越高,辐射出来的能量越多,光的亮度就越强。光学高温计,就是利用物体在不同温度下发出不同强度和颜色的光的现象,来测定高温物体的温度的。

光学高温计主要由一个望远镜和安装在望远镜内的一个标准白炽灯泡组成,灯泡的亮度用电流大小控制。在测量温度时,把望远镜的物镜对准被测物体,人眼通过目镜观察并调节电流大小,使灯泡发光度跟被测物体的亮度相同。这时,就可以从测温表指针标示的刻度值,量出相应的温度。这样,前面所说的第三个问题就部分解决了,第二个问题也得到进一步解决。

目前,工业上用的光学高温计,可以测量3 000℃以上的高温,如配上其他装置,可测量10 000℃的高温。

对10 000℃以上的高温,一般温度测量法已无能为力。这时,可用原子光谱的谱线和温度间的关系来进行计算。这样,前面所说的第二个问题就基本上彻底解决了。

当然,要彻底解决第三个问题,还会面临许多复杂的情况——例如测量难以直接接触的地核的温度。不过,这也没有难倒科学家——目前最好的方法是利用地震和地震波。南于地震波的速度与波通过铁的速度非常接近,所以测量地震波通过地核所花的时间,就可以大致得知地核的温度。

为了提高测量精度,科学家发明了"红外显微镜"。但这种"显微镜"却有名无实——不是用来"看"物体的微观结构,而是用来"测"微小的点(可小到10~100微米)上的温度的。此外,半导体点温度计也可进行这种测量，但它与这个"点"接触的时候，将会改变"点"的温度而"测不准"；而红外显微镜则没有这个缺点，而且比半导体温度计精确得多——可精确到1℃以下。

一路走来并不断进步的测温方法，印证了日本社会活动家池田大作（1928～）的话："进步就是从固定变为动摇，并带来新的思考，随后产生创造的过程。"

一路走来的制冷技术

"为了拯救地球，不含氟氯化碳的气雾已踏上征程。可就在这同时，充满氟利昂的电冰箱正躲在阴暗的角落里，窥视时机，以求一逞……"这是一张科普报纸对日益扩大的臭氧洞的忧虑。

我们的故事，就从含氯氟利昂——一种让人爱了几十年之后又"忍痛割爱"的"功臣"开始。

1930年，美国化学家米奇利发明了一种没有毒性的新型电冰箱制冷剂——氟里昂-12（学名二氟二氯甲烷），并在第二年取得专利。从此，各种含氯氟利昂（freon 的音译）制冷剂相继诞生。

由于氟利昂的化学性质稳定，在底层大

南极上空的臭氧洞

气中几乎不参与任何化学反应，所以不会危害生物。但是，当它"平安"地上升到高层大气后，其中的氯却是"罪恶滔天"——"杀'臭'如麻"地"吞噬"无数臭氧，破坏保护地球的臭氧层。于是三位化学家奋起"声讨"——他们的论文《臭氧层的空洞是如何形成的》震动了全世界。这三位荣获1995年诺贝尔化学奖的化学家是：P. 保罗·克鲁森、马里奥·莫利纳和 F. 舍伍德·罗兰。

在这种"讨伐"声中，世界各国于1987年在加拿大签署了保护臭氧层的协定——《关于限制和停止使用消耗臭氧层物质的蒙特利尔议定书》，商定发达国家在1996年（中国是2010年）停止生产破坏臭氧层的含氯氟利昂。

于是，替代含氯氟利昂的制冷技术——例如生产"无氟电冰箱"、"绿色冰箱"，就迫切地提上了议事日程。

不含氯的氟利昂（用氢代氯），已经在目前的电冰箱中被推广使用，这是"取而代之"。重新启用 1930 年以前使用的乙醚、甲烷等制冷剂，是"返璞归真"；但这需要提高制冷效率的新技术。利用太阳能，把水当制冷剂，发展吸收式制冷机，是"采撷天光"。而"另辟蹊径"就是发展蒸汽制冷以外的技术 例如热电制冷、热声制冷、热磁制冷等。

我们的"借得'古董'解'难题'"，就是指热电制冷。

为什么热电制冷是"古董"呢？

1834 年，法国钟表匠帕尔帖（1785～1845）发现了帕尔帖效应——当电流流过两种不同材料的接点的时候，在接点处就有吸热或放热现象发生。它是塞贝克效应——"在温度不等的刚路中有持续不断的电流"的逆效应。

1838 年，德国血统的俄籍物理学家楞次又做了进一步的实验：他把铋线和锑线连在一起通电，发现联

帕尔帖

接点上的水滴就会凝固成冰；如果电流反向，则刚刚凝成的冰又立即融化成水。

显然，利用半导体材料的（逆）帕尔帖效应，就可以方便、快捷制冷，是实现"无氟电冰箱"的一种好方法。这样看来，它就应该捷足先登而广泛使用了。

然而，事实却恰恰相反。这又是为什么呢？

原来，尽管当时的科学界对帕尔帖效应十分重视，但帕尔帖和楞次的发现却没能很快得到应用。这是因为，金属的热电转换效率通常很低。直到一个世纪以后的 1950 年，发现了一些具有优良热电转换性能的半导体以后，这个"古董"才"东山再起"。今天，热电效应制冷又被称为"半导体制冷"。

半导体制冷器由两根不同半导体圆柱构成，用一块金属导电板将两根圆柱连起来，圆柱空着的两端分别接通直流电源的正负极。这样，半导体制冷器就可以工作了。图中"P型柱"是P型半导体材料，也叫空穴型半导体；"N型柱"是N型半导体材料，也叫电子型半导体。以碲化铋（Bi_2Te_3）合金为基础，在其中掺上不同的杂质，就可以制成P型和N型制冷元件。

照图中的联接，上边是冷端，下边是热端——通常是大气环境。如果将电源的极性倒过来，冷端和热端就互换位置。

在使用中，应把冷却对象与冷端接触，把散热片与冷端接触。电源接通后，制冷器就会从冷却对象吸热，把热量输送到热端，并通过散热片

半导体制冷

释放给大气环境，用这类制冷器可以达到室温以下70℃的低温。由于整个制冷器中没有任何运动部件，这使得半导体制冷器特别结实耐用。

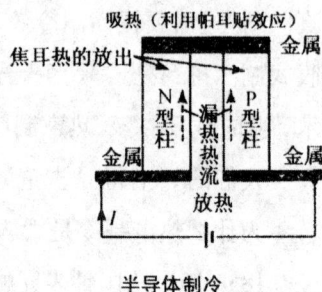

找到热-电转换性能好、导电性能好和导热性能差的半导体材料，提高制冷效率，是半导体制冷的制冷机走进千家万户的关键。

但令人遗憾的是，目前它的制冷效率只能达到普通氟利昂制冷机的1/3。"低效"意味着获得相同的制冷效果，要费更多的电。因此，半导体制冷的应用目前还不普及，仅仅主要用于一些特殊的场合。例如计算机芯片、激光器、微波放大器、光电放大器等精密器件的冷却。在运输过程中生物样品的冷却，小轿车中的食品冰柜有的也采用半导体制冷器。

不过，我们相信，既然利用帕尔帖效应这个"古董"的半导体制冷器，有前面所说的那些优点，就一定有广阔的前景。

塞贝克效应、帕尔帖效应和汤姆逊效应，统称温差电效应即热电效应。汤姆逊（1824～1907）就是大名鼎鼎的英国物理学家开尔文。他发现这个效应是：加热金属棒中间C，并保持两端A和B的温度不相等，电流从A流向B的时候，AC段吸热、CB段放

开尔文

热。显然，这是不同于焦耳热的另一种热——汤姆逊热。

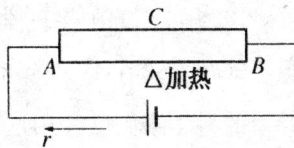

汤姆逊效应

人类最初想得到低温，是为了液化气体。于是形形色色的制冷技术应运而生。

19世纪20年代，英国科学家法拉第发现，液体在减压条件下蒸发而变成气体的时候，就会从周围环境吸收热量，使温度降得更低。利用这种"蒸发制冷"，物理学家们先后得到 –110℃ 的低温，但氢、氧、氮、氦等气体依然没有被液化。

1893年1月20日，英国化学家杜瓦（1842～1923）宣布，他发明了一种低温恒温器（cryostat）——后人称为"杜瓦瓶"。

1895年，德国工程师林德（1842～1934）和汉普孙（1854～1926）等，发明了"压缩-绝热法"和"抽除液面蒸汽法"，液化了氧和氮。

杜瓦瓶

稀释致冷机

"杜瓦－林德空气液化机"的基础，是1852年焦耳和开尔文发现的"焦耳－汤姆逊效应"。杜瓦在1898和1899年用这种机器，分别在 –253℃ 和 –259℃ 的时候，液化和固化了氢。

1908年7月9日，荷兰物理学家昂纳斯用"综合法"。在4.2K的时候，液化了地球上最后一个气体——氦。

    1925年，德国物理学家德拜发明了"去热去磁致冷法"。第一次"核退磁冷却"实验在1956年获得成功；在2002年，芬兰赫尔辛基大学的低温实验室的科学家们已经用这种方法，得到低于1nK的低温了。而在1962年，德国物理学家伦敦又发明了"稀释致冷法"。

    自1985年以来，美国斯坦福大学华裔教授朱棣文（1948～）在"激光冷却"方面做了令人注目的工作，他也因此成为1997年三位诺贝尔物理学奖得主之一。

狭义相对论面前的创新

阿基米德、伽利略、牛顿……一些伴随我们学生时代以致终身的名字。

杠杆、浮力、力学、运动、落体、引力……一些伴随我们学生时代以致终身的名词。这些名词，也是科学家们从 2000 多年前就开始研究的课题或难题。于是，人们唱响了"月落乌啼总是千年的风霜"的歌谣……

这歌谣唱到了 19 世纪末叶，又有了新的内容。

这个新的内容是，物理学出现了"危机"。

出现了什么"危机"呢？这得从 17 世纪说起。

17 世纪是近现代科学和科学方法的起点，其标志是"近代科学之父"伽利略创立了科学的方法论。

17 世纪也是近现代科学最辉煌的世纪之一。其标志是伽利略和牛顿等人创立的经典力学体系——核心是牛顿三大力学定律和万有引力定律，以及牛顿、莱布尼兹发明的微积分。

"问题"就出在经典力学体系上。

经典力学又叫古典力学。它认为，时间、空间和质量都是绝对不变的——都和运动毫无关系。举例来说，质量 1 千克的物体，不管它是静止还是低速运动或高速运动，始终都绝对是 1 千克。这个看法叫"绝对时空观"。

是啊，谁见过 1 千克的物体跑起来之后会成 2 千克呢？所以，对于绝对时空观，一直到 19 世纪末，人们都深信不疑。

到了 19 和 20 世纪之交，物理学的"天空"却出现了"两朵乌云"。

1900 年 4 月 27 日在英国皇家研究所，大名鼎鼎的英国科学家、英国皇家学会会长开尔文（1824～1907）发表了题为《热和光的动力理论上空的 19 世纪乌云》的讲演。他在讲演中声称，物理学的大厦已基本建成，只不过它的上空有两朵乌云而已。这就是两朵乌云的来历。

可是，科学家们很快就发现，"基本建成"的"物理学大厦"上空不仅仅是"乌云"，而是物理学出现了"危机"——人们意识到，用经典力学体系框架无法驱散这两朵乌云！

当然，这个时期的"乌云"远不止"两朵"。例如，光电效应、元素的放射性等出现的"怪现象"，科学家们都无法用经典力学体系来"自圆其说"。此时的经典物理学大厦已是"满目疮痍"，上空更是"乌云密布"。

那么，这两朵乌云又是怎么回事呢？

开尔文所说的两朵乌云中的第二朵，是"能量均分原理"遇到的麻烦，例如"紫外灾难"。所谓"紫外灾难"，是指由经典力学理论推出的一个结果和实验事实不符：在理论上，黑体辐射的短波（紫光区）的能量应该是无穷大，但实验值却是零。解决这个"灾难"，最终导致量子力学在 20 世纪 20 年代诞生——它是摧毁经典物理学大厦的力量之一。但是，这个问题与我们的主题关系不大，不再谈论。

我们主要谈论两朵乌云中的第一朵——"以太漂移"问题。

"以太"这个词源于希腊文，意思是高空。它是古希腊科学家亚里士多德设想的一种微粒。

洛仑兹

究竟有没有"以太"？科学家们争论了 2 000 多年。

在以太的研究中，最恼人的就是"以太的漂移"问题：地球在以太中运动，两者的相对运动（称为"以太风"）究竟是怎样的？为了搞清以太风，19 世纪末物理学家们做过各种各样的实验。其中最著名、精度最高的是美国物理学家迈克尔逊（1852～1931）同美国化学家莫雷（1838～1923）于 1887 年在克利夫兰合作的"迈克尔逊-莫雷实验"。实验得到以太漂移的"零结果"——否定了以太的存在。

对于"零结果"，爱尔兰物理学家费兹杰惹（1851～1901）在1889年提出了"收缩假说"：物体在以太中运动时，在运动方向上要缩短，等等。此外，在1890年，德国物理学家赫兹（1857～1894）还明确指出，光速与光源的运动速度无关；这显然与力学中的"伽利略变换"相抵触。为了解决这一矛盾，荷兰物理学家洛仑兹（1853～1928）在1892年提出了著名的、成为相对论相对性原理基础的"洛仑兹变换"（公式）。他还在1904年发表了这个公式。

然而，洛仑兹虽然比爱因斯坦更早发现了狭义相对论的核心公式，但却在经典力学的桎梏下产生"云横秦岭家何在"的迷茫，没能再进一步——创立狭义相对论。

另一个研究"零结果"的是来自法国的科学家庞加莱（1854～1912）。他在1895年用"尺缩"假说来解释，并提出了相对性原理。他还在1904年在一次演说中正式表达了相对性原理。

然而，他也在牛顿绝对时空观的框架笼罩中"雪拥蓝关马不前"了。这样，他虽然也走到了狭义相对论的边缘，但也与它擦肩而过。

庞加莱

除了洛仑兹、庞加莱外，还有不少科学家都试图在经典力学"院子"内"拆东墙补西墙"，结果是"补得西来东又倒"——在一些问题上似乎讲通了，但在另外的问题上又出现新的更大的矛盾……

在一切"削足适履"的尝试宣告失败之后，科学界陷入深深的困惑之中……

于是，历史选择了敢于挑战经典力学，有"包天之胆"和有更大智慧的爱因斯坦。他于1905年在《物理年鉴》17卷891～921页上，创造性地发表了《论动体的电动力学》，创立了狭义相对论。它和1915年诞生的广义相对论一起，成为摧毁经典物理学大厦的另一个力量。

"高高的树上结槟榔，谁先爬上谁先尝。"是爱因斯坦"先爬上"而"尝"到了"槟榔"。

爱因斯坦胜过洛仑兹和庞加莱等人之处在于，他在"山重水复疑无路"的时候，能在科学分析的基础上发挥大胆的想象力，摒弃绝对时空观，用"光速不变"和"相对性"这两个原理，把那一切综合成为一个完整的新理论——狭义相对论。

经典力学体系建成的"物理学大厦"，被相对论力学和量子力学的两股强大的风暴摧毁以后，"危机"被克服，物理学就"柳暗花明又一村"。

对于爱因斯坦的创新，以创立物质波理论闻名的法国物理学家路易·德布罗意（1892～1987）万分感慨："……人类的科学已经建立起两座屹立在未来历史中的丰碑：相对论和量子论。第一座丰碑的出现完全是由于爱因斯坦创造性的智慧，……人们不能不为在这短短的岁月里完成如此深邃又如此富有创造性的工作而感到惊奇和赞叹。"

创造性是才华的突出特征。在人类的一切才华中，创造性是最有价值的一种能力。

由此可见，"神话永远不属于凡人"。

顺便说一下，物理学中还有第三朵"乌云"——"EPR悖论"。

在1935年5月15日出版的美国《物理学评论》杂志上，爱因斯坦、波多尔斯基、罗森联合发表了论文《能认为量子力学对物理实在的描述是完备的吗?》，对量子力学的完备性等提出了质疑，并由此引出了量子力学中的一些矛盾。这就是著名的"爱－波－罗悖论"——用三人的姓氏简称为EPR悖论。由于当时没有完全克服这个悖论，所以许多物理学家把它叫做物理学中的第三朵"乌云"，甚至有人把它称为物理学的"20世纪的第三次狂飙"。这朵"乌云"，至今还没有完全"抹去"。

对于爱因斯坦创立的相对论，我们必须有清醒的认识。首先，它至今没有被完全彻底地证实和得到公认。其次，正如英国数学家和哲学家怀特海（1861～1947）所说，没有完全的真理，所有的真理都是半真半假的一天地万物唱哪支物理学的"同一首歌",我们至今还不能完全知晓。

　　不过,这不是太关紧要——因为更重要的是,相对论的创立,体现了创新才能使社会进步的铁则。正如印度作家兼社会活动家泰戈尔(1861～1941)所说:"世界上使社会变得伟大的人,正是那些有勇气在生活中尝试解决新问题的人!那些循规蹈矩的人不能使社会进步,仅能维持现状。"

原子结构模型的创立

一个平常的日子——1897 年 4 月 30 日，英国皇家学会例行的星期五晚会照样举行。

可是，英国剑桥大学卡文迪许实验室第三届主任（1884～1919 在任）J. J. 汤姆逊（1856～1940）在会上做了一个报告之后，科学的日子就变得不平常了。

那么，汤姆逊在会上说了些什么呢？

公元前 5 世纪，古希腊哲学家德谟克利特（约公元前 460～前 370）说，宇宙万物都是由"原子"构成的。这个词来自希腊语 $\alpha\tau o\mu\alpha$——原义是"不可分的东西"。

原来，汤姆逊在会上说，他通过确凿的实验，发现了原子中存在电子。

电子，是人类发现的第一种基本粒子。电子的发现，标志着人类对物质结构的认识进入了一个新的层次，它打破了千百年来认为原子是组成物质的最小单元这一观念，揭示出原子还有内部结构。从此，探索原子内部和"分裂原子"，就成了 20 世纪初期物理领域中最振奋人心的口号。

J.J.汤姆逊

汤姆逊也在这个振奋人心的口号中继续探索——既然原子可分，那么原子的是怎样一个结构呢？

汤姆逊发现，原子至少有两个部分：一块一块的带负电的小"碎片"和一块一块带正电的小"碎片"，两种"碎片"的电荷数恰好相等，因此整个原子呈中性。

经过长时期的分析估算，汤姆逊于 1903 年 12 月提出了他的原子结构模型：原子是一个小球体，正电荷像流体般均匀地分布在它的内部，球内还有带等量负电荷的若干个电子，这些电子镶嵌在带正电的球体之中，它们等间隔地排列在与正电球同心的圆周上，并以一定速度做圆周运动而发出电磁辐射。

由于这个模型酷似葡萄干蛋糕（整个原子像一个蛋糕，蛋糕里的葡萄干像电子）或面包，因而被称作"葡萄干蛋糕模型"，或者"面包夹葡萄干模型"。

"面包夹葡萄干"，是科学史上第一个有影响的原子模型。因为在此之前，科学家们提出的下面这些模型都没有产生大的影响。

在汤姆逊发现电子之前，德国物理学家韦伯（1804～1891）提出的原子模型是，质量极小的正电微粒围绕质量较小的负电微粒，在原子中旋转。

1901 年，法国物理学家佩兰（1870～1942）在一次通俗演讲中设想的原子模型是，原子中心的正电粒子周围，围绕着一些电子——它们的运行周期，对应于原子发射光谱的频率。

1902 年，德国，物理学家勒纳德（1864～1947）基于阴极射线能穿过金属箔的实验事实，认为金属原子中有大量的空隙，一个个由电子和相应正电荷组成的微粒，就漂浮在这"原子空间"之中。同一年，英国物理学家开尔文（1824～1907）提出了类似于"葡萄干蛋糕"的模型——汤姆逊的模型就是它的"改进版"。

也是在 1903 年 12 月，汤姆逊的"葡萄干蛋糕"就遭到日本物理学家长冈半太郎（1865～1950）的反对——他正确地认为正负电荷不可能互相渗透。于是，他提出了"土星模型"：电子均匀地分布在一个环上运动，原子中心是一个大质量的正电球。

纪念佩兰的邮票

当然，这些原子模型和汤姆逊的原子模型一样，都有一定的道理，但都不能确定无疑地解释原子的所有行为——例如铀、钍、镭等会不停地放出强力的射线而"违反"能量守恒原理，也就没有得到公认。但是，大多数科学家相信，通过严密的科学实验，可以揭开原子结构这个未知世界的奥秘。

时代把祖籍是苏格兰、在新西兰出生的英国物理学家厄内斯特·卢瑟福（1871~1937）推上了历史舞台。

1909年，卢瑟福与他的年轻助手、德国物理学家盖革（1882~1945）和新西兰青年学生马斯登（1880~1970），用高速的 α 射线轰击金属箔，观察 α 粒子穿过金属箔后的分布状况。

按照葡萄干蛋糕模型，α 粒子穿过原子的时候，因为受到正电荷的排斥，就会发生均匀的偏转，这是因为原子里的"葡萄干"们质量都很小，不能使质量较大的、带正电荷的高速 a 粒子发生大偏转。即使 α 粒子与电子相撞，也由于它的质量比电子大7 000多倍——有如大象碰上了猫，也不会发生大偏转。

卢瑟福

但是，实验的结果却大出他们所料——有少量 α 粒子出现了大角度的偏转，其中甚至大约有1/8 000的 α 粒子发生了大于90°的偏转。更有少量——约占总数 1/20 000 的 α 粒子竟被反弹回来！

卢瑟福对此惊讶异常。他认为这像用直径15英寸（1英寸合2. 54厘米）的炮弹射向一张纸，而这炮弹居然被弹回来打击发射人！

这个实验的事实表明，"葡萄干蛋糕"与原子的实际结构有矛盾。首先，大角度偏转不能解释成若干次小角度偏转的积累——这种可能性比 1/8 000 小得多。其次，大角度偏转不可能是 α 粒子受到实心原子球内的电子撞击的结果；因为 α 粒子的质量约为电子的 7 300 倍——一个质量大的粒子撞击质量小的粒子，怎么会是质量大的发生大角度偏转呢？最后，大角度偏转不可能是实心原子球内带正电的部分对 α 粒子作用的结果——根据带正电的 α 粒子在

实心球外和实心球内受到实心球内正电荷的作用力来看，都不可能有剧烈的碰撞而发生大角度的偏转。

那么，这些现象怎样解释呢？

1911 年 3 月的一天早晨，盖革正在实验室里整理仪器。卢瑟福兴冲冲地进来了。

"我知道了，"卢瑟福说，"原子到底是什么样的，我知道了！原子内部存在一个质量较大、所占体积又很小，而且是带正电荷的东西。所以带正电的 α 粒子在接近它的时候，就'同性相斥'而大幅偏转了。"

接着，卢瑟福解释了实验结果：和整个原子相比，带正电荷的东西很小，所以大部分 α 粒子穿过原子中的空档，不受正电荷斥力的影响，只有极少数接近它。α 粒子受到斥力作用而偏转，极个别 α 粒子差不多正对着撞击，在斥力作用下被反弹回来。

1911 年 3 月 7 日，卢瑟福在曼彻斯特哲学会上作了题为《α、β 的散射和原子的构造》的报告。这一报告还刊登在同年的《哲学杂志》上，公开了他的研究成果。但是，当时并没有人承认他的成果。甚至在同年 10 月 30 日～11 月 3 日召开的、卢瑟福参加的第一届索耳维国际物理讨论会上，会议记录中也没有提及他的这一成果。

但是，马斯登和盖革等人，却为检验卢瑟福模型进行了系统的、肯定性的研究工作。1913 年，英国物理学家莫斯莱（1887～1915）测定了各元素的

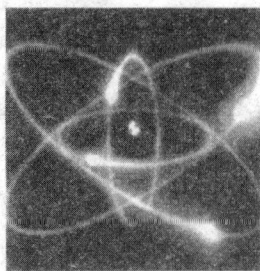

电子在原子内绕核旋转

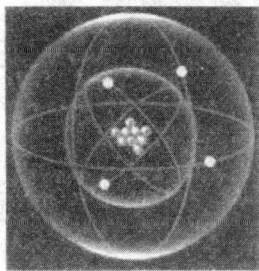

电子绕核旋转：中等球原子核内部是当时未知的质子和中子

原子结构的太阳系模型

X 光标识谱线，也证明了卢瑟福理论的正确性。同年 10 月，在卡文迪许实验室科学会上，卢瑟福正式提出了他的"核式结构"原子模型：原子内部大部分是空虚的，它的中心有一个体积很小、质量较大、带正电的核——"好像一个大教堂里的一只苍蝇"的原子核；原子的全部正电荷都集中在这个核上，带负电的电子则以某种方式分布在核外的广大空间中。这是一个与太阳系结构相类似的"太阳系原子结构模型"，到会的科学家普遍接受了这个模型。1914～1915 年，卢瑟福的理论终于得到世人的公认。

　　但是，根据经典的电磁理论，带正电的核与带负电的电子的静电引力使电子产生了一个向心加速度，使电子绕核运动。而电子在获得加速度的情况下必定发出电磁辐射，这电磁辐射就要消耗能量，能量不断消耗的结果，将使电子的运动轨道越来越小，最后必然落到核上与核合为一体。此时，这个原子就要消失。这就是说，卢瑟福的模型不能保持一个稳定的原子结构系统。而事实上原子是十分稳定的。因此，他的模型还有缺陷。

玻　尔

　　可见，科学还没有终结——科学的活水还要向前流淌。

　　1912 年 6 月，丹麦物理学家玻尔（1885～1962）想到了德国物理学家普朗克（1858～1947）的量子假说。接着，他把有核结构的思想和量子假说结合起来，修正了卢瑟福的模型。

　　1913 年，玻尔正式发表了他下面的"三部曲"原子模型。

　　原子内的电子只能在具有一定能量的特定轨道上运行——是有轨电车。"循规蹈矩"的电子既不吸收能量也不辐射能量。电子所处的轨道不同，它的能量也不一样——在离原子核近的轨道上能量较低，在离核远的轨道上能量较高。

　　允许电子"不安分守己"——可以从一个轨道跳到另一个轨道。因此电子还是跳蚤。

索末菲

海森堡

狄拉克

薛定谔

电子在跳越轨道时，必定获得或丢失能量。这样，它们的能量变化只能在特定的能级之间跳跃，所以辐射光谱并不连续。

显然，玻尔的模型克服了卢瑟福模型的一些缺陷。

玻尔的模型是在卢瑟福原子模型基础上发展和完善的，因此，人们将两者合二为一，统称为"卢瑟福－玻尔模型"。

玻尔的模型突破了经典物理学的观念——例如说原子处在定态时不辐射，原子的能量是量子化的，不能连续变化；但是，他的模型却是建立在经典物理学上的——例如把电子与宏观世界中的粒子等同看待，以为它们在运动中有完全确定的轨道。而且，他引进的量子条件又没有理论依据。所以，他的模型是一个把经典理论和量子条件并放在一起的结构，缺乏逻辑的统一性。

更准确、完整且应用更广的原子结构模型——量子力学的原子结构模型，在 1925 年被发表出来。它的创立者是德国物理学家索末菲（1868~1951）和荷兰物理学家埃伦菲斯特（1880~1933）。在 1915 年，索末菲就对玻尔理论进行了量子化条件下的推广，提出了电子的椭圆轨道和它的质量会随运动速率改变。在 20 世纪 20 年代，一群"三十而立"的物理学家，也对创建量子力学做出了重大贡献。其中有德国的海森堡（1901~1976，1932 年诺贝尔物理学奖得主）和玻恩（1882~1970），法国的德布罗意（1892~1987，1929 年诺贝尔物理学奖得主），以及 1933 年的两位诺贝尔物理学奖得主英国的狄拉克（1902~1984）和奥地利的薛定谔（1887~1961），当然也有玻尔。

由于电子同其他微粒一样具有波粒二象性，所以我们不可能确切地知道它们的运动轨道，只能知道它们在某区域出现的概率。概率大的地方，"电子云（雾）"较浓密；反之，较淡薄。

由于量子力学的原子结构模型比较深奥难懂，所以，今天我们中学的物理教科书中，还是用直观的、能基本上说明原子结构的"卢瑟福－玻尔模型"，来描述原子内部的电子运动状况。

梅曼的激光比太阳还亮

"它运转了！它运转了!"1953 年的一天，一个美国小伙子飞快地闯进一次波谱学会议的会议室，急切地大声叫喊。

是谁，为什么事，这么急切，全然没有"学者风度"，跑来"扰乱会场秩序"？

这个小伙子名叫约翰·彼德逊·戈登（1928～），是哥伦比亚大学的美国物理学家汤斯（1915～）带的研究生。他们（还有汤斯带的另一个研究生蔡格）从1951 年开始，就在一起研究制造新型微波振荡器——氨分子微波激射放大器。在经过了两年艰辛，花费了近 3 万美元之后，终于取得成功。表达成功后的喜悦，当然应该"激动"一把！

汤斯

1954 年 7 月，他们正式宣布实验成功。

微波激射放大器的英文原意是"受激辐射的微波放大"，缩写为 MASER（脉塞）。

那么，他们为什么要搞 MASER 呢？

1916 年，爱因斯坦发表了论文《关于辐射的量子理论》，提出了"受激辐射"的概念，随后，微波波谱学的研究开始了。但是，由于当时一些"近视眼"认为这些研究都是"纯科学"的，没有诸如商业价值这类实际意义，所以一些实验室——例如第二次世界大战中美国最早开始研究的几个工业实验室，在战后都停止了研究。于是，这类研究转移到了大学。

但是，也有别具慧眼之人，例如美国的碳化物和碳（Carbide & Carbon）

化学公司就给哥伦比亚大学一笔奖学金，支持对微波波谱学的研究。其实，早在此前的 1945 年，这个公司的舒尔兹，就认为微波波谱学的研究成果会促进化学的发展："利用特定频率的电磁辐射，通过感应振荡来影响参加作用的分子的活性。"

在这种背景下，MASER 诞生在汤斯小组的所在地，就不足为奇了。汤斯知道许多科学家都在进行这个项目的研究，所以就立即申请了专利，并在 1960 年 3 月获得专利证书。

那么，汤斯又是怎么想到 MASER 的方案的呢？

"很偶然，当时我正在与肖洛同住一个房间，"汤斯后来回忆说，"我起身很早，为了不打扰他，我出去在公同旁的长凳上坐下，思考是什么原因未制成毫米波生器……突然，在我头脑中出现了一种得到从分子发出的非常单一

肖洛

布伦伯根

塞格巴恩

巴索夫

形式电磁波的实际方法……几分钟内我就拟好了方案……"

汤斯提到的"非常单一形式电磁波",就是受激辐射的微波。而肖洛（1921～）——汤斯的妹夫,是当时在贝尔实验室工作的美国物理学家。

普罗霍洛夫

梅 曼

1958年12月,汤斯和肖洛在美国的《物理评论》杂志上,发表了论文《红外区和光学激射器》。论文的主要内容是,根据MASER的成功,论证把微波辐射技术扩展到红外光区和可见光区的可能性。但是,他们用钾蒸汽得到激光的试验却失败了。因为对激光的研究,肖洛还和出生在荷兰的美国物理学家布伦伯根（1920～）分享了1981年诺贝尔物理学奖的一半。另一半则由发展高分辨光电子能谱学的瑞典物理学家塞格巴恩（1918～）获得。

这篇激光史上重要的论文发表以后,引起了科学界的强烈反响——激光的时代马上就要来到!汤斯也因此和后面要提到的前苏联两位物理学家巴索夫（1922～）、普罗霍洛夫（1916～）共享了1964年诺贝尔物理学奖——汤斯得奖金的一半,后两人共得奖金的另一半。

但是,汤斯和肖洛都没有做成激光器。

大致在同一时期,其他国家的科学家也没有闲着。例如,在1951年,前苏联科学家法布里坎特就向邮电部提出一份题目很长的、进行受激辐射研究的专利申请书,但直到1958年才得到批准和发表。

1952年,列别捷夫物理研究所的巴索夫和普罗霍洛夫合作发表论文,阐述受激辐射放大器的原理,并在1955年用氨气把这一原理变成了现实——制成了一种氨分子激射器。1958 年，巴索夫又提出了用半导体制造激光器的原理。

在经过几年准备、花费 5 万美元之后的 1960 年 5 月，美国加利福尼亚州南部的休斯研究所量子电子部负责人西奥多·梅曼（1927 ~ ），研制出了世界上第一台激光器。它是一台红宝石激光器———种固体激光器。

经过接近半个世纪的风雨之后，终于迎来了激光时代的"彩虹"！

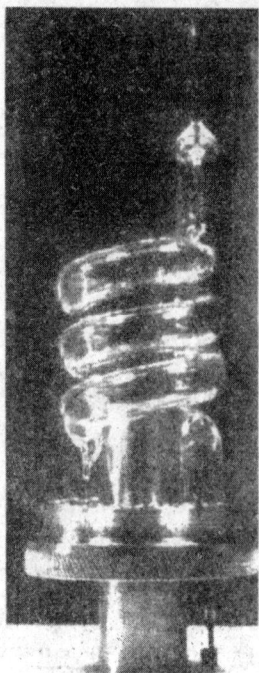

梅曼等的世界上第一台氙灯脉冲光激励的红宝石激光器

所谓"激光"，是"光受激辐射放大"（LASER，是 Light Ampli – fication of Stimulated Enlission of Radiation 的缩写）的简称，也翻译为"莱塞"或"镭射"。通俗地说，激光就是受激而发射出来的光。这种光具有"团队精神"，"步调一致"地以发散度很小（大约 0. 057 度）的"光束"向目标前进——例如射到远达 38. 4 万千米之外的月球表面，光斑直径不超过 0. 2 ~ 2 千米。而不是像普通的光那样"军心涣散"，向"四面八方""各奔前程"——即使用方向最好的普通探照灯光射向月球，光斑直径至少也会分散到几百千米。

那么，为什么科学家要发明激光呢？

原来，普通的光在亮度和单色性等方面，都不能满足人们的需要。于是科学家们探索光学新技术和寻找新光源的研究就写下了前面的篇章。

可是，书写这个篇章并不容易。而且，在梅曼的激光器和激光诞生以后，依然有人"不识货"。

"不识货"的是《物理评论快报》的主编——他拒绝发表梅曼写来的发明激光器的论文。

那么，这位主编为什么要对论文"亮红灯"呢？原来，他认为梅曼搞的依然是微波激射器，而微波激射器已经被科学家们发展到了很高级的程度，就没有必要用"快报"的形式发表了。

在这种情况下，梅曼只好在1960年7月7日的《纽约时报》上发布了制成激光器的消息，并把成果寄到英国《自然》杂志社。《自然》杂志社很快在8月6日正式发表了梅曼的这个成果。而美国的《物理评论快报》在第二年才发表了梅曼的详细论文。

那么，《物理评论快报》的主编为什么会误认为梅曼的激光器就是微波激射器呢？和这个问题相关的问题是：激光和微波激射有什么联系和区别，激光器和微波激射器又有什么联系和区别呢？

我们知道，所谓"微波"和"激光"都是电磁波，两者在这个意义上并没有本质的区别，只不过激光的波长更小（或者说频率更高）罢了。但是，发明了微波激射器，并不等于能制成激光器——制成能够生产频率更高的激光的激光器困难得多！

在这里，我们又感受到了一次"量变到质变"——就是这频率由低变到高，科学家们就用了10年时间！

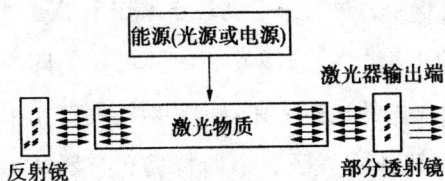

能源(光源或电源)

激光器输出端

激光物质

反射镜　　　　部分透射镜

激光器的结构

所以，有的文献就把激光的诞生编成了"四部曲"：奠定理论基础（1916年，爱因斯坦），借助于微波波谱学的发展（20世纪20～40年代），"预演"成功（1954年，汤斯等研制成功微波激射器），激光诞生（1960年，梅曼）。

正因为如此困难和重要，所以在汤斯发明了微波激射器以后，当时世界上的许多实验室都在激烈竞争——尽快制成激光器！例如，美国物理学家桑德斯（1924～），出生在伊朗的、汤斯的学生贾万（1926～），前苏联物理学家克罗辛和波波夫等。其中，在贝尔实验室工作的贾万、别耐脱、海利奥托在1960年2月还制成了著名的氦氖激光器。接下来，外腔式气体激光器、玻璃激光器、有机液体激光器、喇曼激光器、半导体激光器……相继诞生。

这里，还有一个特别"奇怪"的问题：为什么梅曼能捷足先登，后来居上？

原来，梅曼有用红宝石做微波辐射器的多年经验，并由此预感到用红宝石做激光材料的可能性，在试验了包括红宝石在内的多种材料都不理想之后，果断地杀"回马枪"。

这个"回马枪"的高明之处在于，没有迷信魏德尔在1939年的论文中说红宝石晶体的量子荧光效率也许只有1%的结论。实际上，梅曼在实验中用螺旋形脉冲氙灯激励含铬0.05%的镀银红宝石圆柱体——直径和高都是19毫米，得到的这个参数达到75%以至后来的100%。于是，波长为694.3纳米的、峰值功率为10千瓦的、频谱纯度很高的深红色激光产生了。

由此可见，梅曼的"三大法宝"是持之以恒（积累经验）、科学预见（选红宝石做材料）和开拓创新（不放弃1%）。显然，毋庸置疑的是，他开创激光新纪元的成功绝非偶然。

在发明激光的过程中，还有三个物理学家作出了重要的贡献——法国的卡斯特勒（1902～1984）和他的学生布罗塞尔，以及美国的比特。在隔洋相对的朋友比特有关"光抽运"的思想启发下，卡斯特勒和布罗塞尔于1955在实验中观察到了光抽运现象。接着，他们还实现了光抽运和"光磁共振"的结合，完成了研制激光的核心技术。遗憾的是，比特羞于面子，拒绝了卡斯特勒邀请他一起署名发表有关论文的邀请。于是，

卡斯特勒

1966年的诺贝尔物理学奖，只能让"激光之父"卡斯特勒独享。

由于激光的亮度比太阳光还要高100亿倍，具有普通光没有的很多优良性能，所以，它初降人世，就立即得到科学家们的青睐。

目前，科学家们已经获得了各种激光——红外光激光、可见光激光、紫外光激光、X光激光（例如1984年10月美国普林斯顿大学研制出的波长为

多路大功率钕玻璃激光放大器系统

18.2 纳米等波长的 X 激光，和劳伦斯利弗莫尔实验室研制出的 15.5 纳米的 X 激光），以及可调谐激光（例如梅曼红宝石激光），等等。

激光器种类繁多。从工作物质来分，有同体激光器（例如梅曼的红宝石激光器）、液体激光器、气体激光器、自由电子激光器等。此外，还有在一定范围内可连续改变输出波长的可调谐激光器、光学谐振腔较大的大光腔激光器，等等。

1963 年，美国的汽车工程师雷斯特在一家大医院坐以待毙——6 次手术、3 次放射性治疗、多次化学药物治疗之后，右肩上 3 个黑色毒瘤依旧"死而复生"。医生们会诊后决定让新式武器——激光上阵。在接连照射了 18 天激光以后，雷斯特从"地狱"门口回到了人间"天堂"。从此，激光在医学上开始大显神通。

2005 年上半年，美国发明了一种胜过警犬的激光探测器，用来探测隐藏的地雷和其他爆炸物。

除了用于通信、治疗疾病和探测以外，激光还有许多用途：光纤传感器、测距和基准测量、参数测量、改变生物性状、材料加工、全息照相、照排、武器、跟踪和制导、核聚变、分离同位素……

摩擦力为什么会"消失"

"啊,提高了40%,这不可能!"

法国的海军工程师们惊叫起来。

像其他船厂一样,20世纪40年代巴黎的一家海军造船厂,也用人工水池来检测舰船模型的性能。这个模型长约2米,是真船大小的1/100。

每过几个月,工程师们就要在同样的水池、同样的船模和同样的功率下,重复试验。

可是有一天,他们发现试验绪果无法重复了。实验室里一片困惑,于是有了前面的惊叫。

原来,"罪魁祸首"就是水池中的水。因为换大水池中的水费用很高,所以他们好几个月没有换水了,于是水中就滋生了一种小海藻。这种海藻会分泌出微量的高分子———一种长链的多糖,它能减少固体和液体间的摩擦力。找到了原因,工程师很快就解决了这个问题:往水池里多加些氯气,防止海藻滋生。这样,船模就立即降到稳定而正常的速度。

那么,可不可以发明一种高分子物质,来减少固体和液体间的摩擦力呢?

科学家们发明出来了,而且得到了实际应用。

一幢高层大楼的11层发生火灾,上面有一个小女孩困在大火里。消防队员把水龙头对准了11楼,可是,不管他的水龙头怎样威猛,水也只能射到8楼。怎么办呢?

消防队员把一小撮奇妙的高分子材料———长链的多氧素加到水里,消防龙头的水柱立刻增高了30%。水喷到了11楼,小女孩得救了!

消防队员"以少胜高"———10升水里只加了2克多氧素,而它1千克才几十元。他们的功劳有科学家的一半——多氧素大大地减小了水和水龙头之间的摩擦力。

类似的故事发生在英国。布列斯托尔市是英国西部一个已经建城800多年的港口城市，它的下水道，是19世纪中叶的维多利亚时代建造的，后来日益陈旧，不堪重负。要检修整个系统费用极高。市政工程师们又想起了多氧素——加进一丁点就让污水"健步如飞"。

为什么在溶液里有了一点高分子物质，固体和流体之间的摩擦力就会大减呢？

在水里加一点高分子物质——就像在汤里加一点面条，会使水的黏度变大。一般来说，黏滞的流体总比清澈的流体流得慢——就像蜂蜜比牛奶流得慢一样。但是，在水中加了高分子物质以后，我们却看到了恰恰相反的现象水反而流得快了。

有研究者认为，多氧素的小颗粒可能会堆积在一起，在流体中形成一个个小弹簧，产生弹性效应，因此降低了摩擦力。

那么，摩擦力的降低到底和液体的边界层有没有关系呢？科学家们争论了10年之久。

有趣的是，解决争端的，并不是理论，而是德国科学家进行的一个聪明的实验。

这个实验是在一个流着水的长管子里做的。管子中部有一个喷嘴同一段细管相连，多氧素从喷嘴喷向水流的下游。显然，管子里的流体明显被分成了三部分。

在喷嘴左边"上游"的P区，是纯水区。通过测量P_1、P_2的压力差，可以知道这个区域里的摩擦力比较大。

在喷嘴右边"下游"的D区，是均匀区。由于液流引起的湍流，多氧素流到这里的时候，已经和水很均匀地混合起来了。这里的摩擦力比较小。这一点。符合我们前面在大楼救火、城市下水道里看到的情况。

"中游"L区在高分子喷嘴A和区域D之间。由于水流速度相当快，多氧素一旦进入水里，不会反向流动。在这个区域，高分子开始逐渐充满管子，但是还没有到达管壁。令人吃惊的是，这里的摩擦力已经大大降低了。显然，在 L 区不可能形成上面所说的湍流边界层。

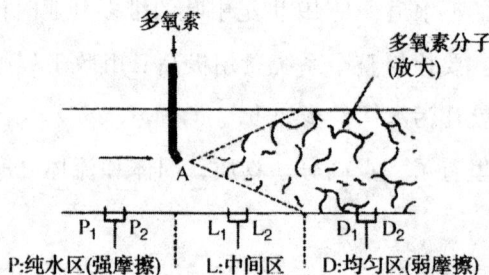

解决争端的关键实验

实验结果很明确——摩擦力下降，和边界层的性质无关。

法国海军造船厂在半个世纪之前就看到了这一现象，虽然至今还没有完全弄明白到底是什么原因。但是，上面的实验事实胜于 10 年无谓的争辩。这给了我们一个很重要的启示。

出生在德国的玻恩（1882～1970），1943 年在英国工作的时候，做了一个题为《物理实验和理论》的报告。报告的最后一句话是："对那些想要学会科学预见艺术的人们，我建议他们不要把自己约束在抽象的推理上，而应当尽力去译解大自然文库所传达的自然界密码，这个大自然文库就是——实验事实。"

这句精彩的名言，出自玻恩这位量子力学的创立者之一、1954 年诺贝尔物理学奖两位得主之一的理论物理学家，就显得更加精彩。于是，我们再次想起了那句同样精彩的名言："实践是检验真理的惟一标准。"

当然，多氧素加进水中以后，摩擦力并没有完全消失，但是大大减小了。

摩擦力让人又恨又爱、爱深恨也深。

"想说爱你不容易"的例子是，在我们需要物体快速运动的时候，摩擦力一定会"反其道而行之"——像前面消防队员水龙头中的水那样，或者在我们需要"车子快跑"的时候。

　　"爱你在心口易开"的例子是，如果没有摩擦力，铁钉和螺钉会从墙上或螺母中滑出来，我们的手也拿不住东西，行驶的车辆刹不住车。1927年12月21日，伦敦地面结了冰，车辆行动都发生困难，大约有1 400人摔坏了手脚，被送入医院。

　　"爱有多深，恨也有多深"的例子是，如果没有摩擦力，车辆无法启动和行驶；而一旦行驶起来，又想摩擦力小一些而"多装快跑"，并且节约燃料。但是，在"紧急刹车"的时候，我们却希望它是"无穷大"，让车辆"戛然而止"——不过，此时车辆中的人也会因惯性而"勇往直前"，和车辆中前面的物体"亲密接吻"了。

元素周期律风雨兼程

从 17 世纪开始，化学家们就在思考这样的问题：发现了那么多元素，是否可以"分门别类"而找到某种规律，它们之间有没有什么联系呢？

18 世纪中叶之后的一个世纪，就有不少人对元素进行分类，企图找出它们之间的联系。

1789 年，法国化学家拉瓦锡（1743~1794）把他认为可信的 33 种"元素"——有的实际是化合物，分为"金属"、"土质"、"气体"、"非金属" 4 大类。

1829 年，德国化学家德贝莱纳（1790~1849）敏锐地发现，当时已知的 54 个元素中有 5 个组出现一个"奇怪"的现象——每个组内 3 个元素中的前后两个元素原子量之和的一半，几乎等于中间那个元素的原子量。虽然当时发现的元素少，他也没对所有元素这一整体进行研究，但这种对元素归纳分类的方法却启发了后人。

1850 年，德国药物学家培顿科弗（1818~1901）认为，性质相似的元素组不应仅限于 3 个元素。他还注意到当时盛行的相似元素组中，各元素原子量之差常为 8 或 8 的倍数。

1853 年，英国化学家格拉斯顿（1827~1902）提出，性质相似的同组元素在原子量方面有 3 种不同类型。

1854 年，美国化学家库克（1827~1894）把元素分为 6 个系列。

1857 年，英国化学家欧德林（1829~1921）发表了一个把元素分为 13 类的《元素表》。

1859 年，法国化学家杜马（1800~1884）发现，同系有机物之间的分子量有一个公差。

1862年，法国化学家尚古多（1820～1886）提出关于元素的性质就是数的变化的论点，并由此创造了一个《螺旋图》：62个元素按原子量的大小顺序标在绕着圆柱体螺旋形上升的螺线上，可清楚地看到一些性质相近的元素都出现在圆柱的同一条母线上。由此，他提出了元素性质有周期性重复出现的规律。

1864年，欧德林修改了他1857年的元素分类表《元素表》，以《原子量和元素号》为标题重新发表。他的新表基本上按原子量顺序排列，有47个元素。

同年，德国化学家迈尔（1830～1895）在他的《现代化学理论》一书中，顺着原子量的顺序详细讨论了各元素的物理性质，给出了《六元素表》。该表各元素按原子量排序，对元素作了很好的分族，有了周期表的雏形。

1865年，英国人纽兰兹（1837～1898）把元素按原子量大小顺序进行排列时发现，从任一元素算起，每到第8个元素就和第1个元素性质相近。

……

总之，在1869年之前，这类探索有几十起之多。

1869年2月17日，俄国化学家门捷列夫（1834～1907）发表了描述元素周期律的图表——第一个元素周期表。

在门氏的周期表中，各元素依原子量大小的顺序竖向排成6列，每一列的各元素具有相近的性质。共排出当时已知的63种元素，并留有4种未知元素的空格。在这些空格中，填入了他预测的相应未知元素的原子量。

门捷列夫

这样，门捷列夫就创造性地把看似孤立的、"杂乱无章"的元素有机地联系起来了。这个规律的基调是"量变到质变"——元素的性质随它的质量而改变。这是门捷列夫的第一个创新。

门捷列夫除了不顾公认的原子量而改排了某些元素排列的位置以外，还修订了一些元素的原子量，从而使相应元素能排在合理的位置上。这种似乎"削足适履"的做法，恰好体现出门捷列夫的第二个创新——元素周期律的确来自于实践，但是要经过科学的抽象才能形成。

ОПЫТЪ СИСТЕМЫ ЭЛЕМЕНТОВЪ,

ОСНОВАННОЙ НА ИХ АТОМНОМЪ ВѢСѢ И ХИМИЧЕСКОМЪ СХОДСТВѢ.

$$
\begin{array}{cccc}
& Ti=50 & Zr=90 & ?=180. \\
& V=51 & Nb=94 & Ta=182. \\
& Cr=52 & Mo=96 & W=186. \\
& Mn=55 & Rh=104,4 & Pt=197,4 \\
& Fe=56 & Ru=104,4 & Ir=198. \\
Ni=Co=59 & Pl=106,6 & Os=199. \\
H=1 & Cu=63,4 & Ag=108 & Hg=200. \\
Be=9,4 & Mg=24 & Zn=65,2 & Cd=112 \\
B=11 & Al=27,4 & ?=68 & Ur=116 & Au=197? \\
C=12 & Si=28 & ?=70 & Sn=118 \\
N=14 & P=31 & As=75 & Sb=122 & Bi=210? \\
O=16 & S=32 & Se=79,4 & Te=128? \\
F=19 & Cl=35,5 & Br=80 & I=127 \\
Li=7 & Na=23 & K=39 & Rb=85,4 & Cs=133 & Tl=204. \\
& Ca=40 & Sr=87,6 & Ba=137 & Pb=207. \\
& ?=45 & Ce=92 \\
?Er=56 & La=94 \\
?Yt=06 & Di=95 \\
?In=75,6 & Th=118?
\end{array}
$$

门捷列夫的第一个元素周期表

门捷列夫还先后预言了 15 种以上的元素——第三个创新。这些修订和预言经过其后的科学实践证明基本正确。例如，他预言的"类硼"即钪和"类硅"即锗，就分别在他生前的 1879 和 1886 年被瑞典化学家尼尔森（1840～1899）和德国的温克勒（1838～1904）发现。以致温克勒在发现"类硅"之后说："再也没有比发现'类硅'能更好地证明元素周期律的正确性了，它不仅证明了这个有胆略的理论，还扩大了人们在化学方面的眼界，而且在认识领域也迈进了一步。"总之，它是寻找新元素的理论向导。

的确，"化学没有周期表如同航行没有罗盘一样不可想象，"但是，"这并没有制止某些化学家正试图改进它。"

是的，科学之水长流、科学之树常青。元素周期律和周期表之水，还会向新的方向奔流……

1894 年，英国科学家拉姆齐（1852～1916）和瑞利（1842～1919）发现了惰性气体氩，氦和其后几年发现的其他惰性元素，充实了原有元素周期表的内容。1900 年 3 月，比利时化学家埃利拉明智地把它们安排在零族的位置上——门氏周期表上没有这个族。这是元素周期律的第一次大发展。

19 世纪和 20 世纪之交，大量放射性元素被发现，门捷列夫无法为它们安排位置，因为他错误地坚持元素的不变性。这一问题在他死后才得到解决。

此外，门捷列夫认为三对位置颠倒的元素——氩和钾、碲和碘、钴和镍，之所以出现原子量大的反而排在前的现象，是因为它们的真实原子量被化学家们测错了。例如，他认为，碘和碲的原子量分别为 126. 91 和 127. 61，但碘却被排在后面，因此其中必有一个元素的原子量被误测。但是，实际上它们的原子量值都是正确的。门捷列夫所以弄错的原因在于，他把原子量作为排布周期表的绝对正确的规律。

发现这个正确规律的荣耀，属于 27 岁多就死于第一次世界大战的英国物理学家莫斯莱（1887 ~ 1915）。1913 年，他在用实验研究了元素的 X 光光谱之后得知，元素呈现周期性变化的根本原因是，元素原子核所带的电荷数——"原子序数"的多少，而不是它的表面现象——原子量。这样，就彻底解决了那三对元素的原子量颠倒的问题，完成了元素周期律的第二次大发展。

莫斯莱

不过，原子序数这一概念，则是荷兰物理学家布洛尼克（1870 ~ 1926）早于莫斯莱引入的。他还在 1907 年设计了一个以 α 粒子为基础的元素周期表。这个周期表含 8 个族、15 个周期，为 120 个元素留有位置。他是最早从理论上提出"元素是按核电荷数增长顺序排列的"人。

1916 年，德国化学家柯塞尔（1888 ~ 1956）首先以原子序数代替原子量，制成新的元素周期表。

但是，布洛尼克、莫斯莱仍然没能解决元素性质发生周期性变化的根本原因。在英国物理学家卢瑟福，特别是丹麦物理学家玻尔等人建立了原子的核式模型之后，在量子力学诞生之后，这一问题才得到根本解决：原子核外电子排布的周期性和运动规律，决定了元素性质的周期性。例如，在 1922 年，玻尔就用他创立的原子结构模型——一个经典理论和量子条件并放在一起的混合体，解释了元素周期表的结构法则。这是元素周期律的第三次大发展。

1869 年门捷列夫发表元素周期律的时候，人们只知道钇、镧、钕、镨、铒、铽这 6 种（后来才知道，后 4 种实际是一些元素的混合物）稀土元素，门捷列夫无法将它们安排在适当的位置。而这 6 种元素"没有座位"的处境，已经与每个元素都应该在周期表中有相应位置的原则相矛盾。更使人难办的是，1880 年发现了大量性质相近的稀土元素，这再次使人们不知所措。在这种情况下，有些化学家开始怀疑门捷列夫元素周期律是不是概括了所有元素的自然体系。更麻烦的是，究竟有多少种稀土元素，人们还不知道。

不过，这些问题在莫斯莱和玻尔之后都得到圆满的解决。

那么，那三对元素的原子量为什么会被颠倒呢？这个问题在 1932 年英国物理学家查德威克（1891～1974）发现中子以后，才得到解决。原来，人们所说的"原子量"，只不过是这种元素各种质子数相同、但中子数不同的"同位素"的"平均原子量"。这一发现还对周期表中"元素的位置"赋予了新的意义——一类质子数相同、中子数不同的元素应占有的同一个位置。

同位素的发现，还使人想起了一件趣事。

1814 年，英国的青年医生普劳特（1786～1850）认为，各种元素的原子都是由不同数目的氢原子组成的，所以各种元素的原子量都应该是氢的原子量的整数倍——氢原子是最基本和最简单的物质。

赞成和反对普劳特假说的两派争论了一个世纪。那时候，人们都相信英国科学家道尔顿（1766～1844）提出的观点：同种元素的原子，质量完全一样。

但是，当瑞典化学家柏采利乌斯（1779～1848）仔细测定了各种元素的原子量后，发现不少元素的原子量并不是氢的原子量的整数倍。例如，氯的原子量是 35.5，就不是整数。反对派们以实验为根据，宣布普劳特的假说是胡说。

当 1919 年卢瑟福打开了原子核，发现里面有质子，质子就是氢原子核的时候，普劳特的假说得到了证实，而道尔顿的观点却错了。

从 20 世纪 30 年代以来，1~92 号（即从氢到铀）元素中最后 4 个不稳定元素的发现，以及超铀元素的合成和超重元素稳定岛假说的提出，完成了元素周期表的第四次大发展。

元素周期表的形式，也有长式、短式之分，电子排布式环形元素周期表也被制作出来。

科学家们已经开始建立不只是元素的，而且是化合物或分子的周期表。当然，在 1862 年英国化学家纽兰兹（1837~1898）也有过这种思想——他提出了有机分子的周期表。

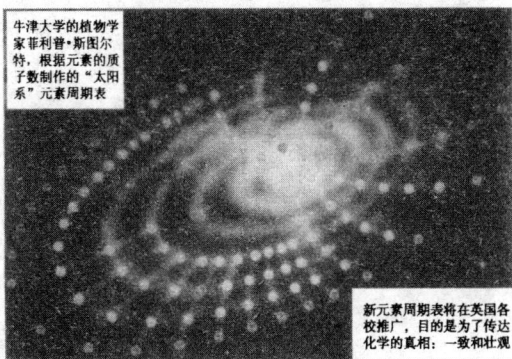

牛津大学的植物学家菲利普·斯图尔特，根据元素的质子数制作的"太阳系"元素周期表

新元素周期表将在英国各校推广，目的是为了传达化学的真相：一致和壮观

斯图尔特的新元素周期表

据报道，诸如在独居石、陨石等特殊物质中已经发现了第 116、126、128 号等元素，它们将继续填充着也许是没有尽头的元素周期表。

此外，在 2005 年，美国宾夕法尼亚大学的物理学家威尔福德·卡斯德曼和弗吉尼亚州立联邦大学的物理学家石弗·卡纳，用"激光蒸汽法"制造出一种有 13 个铝原子（和 1 个额外电子）的原子团簇。这是一种"超原子"的化学构建基石——它表现得像一个原子一样。根据这个发现，人们有可能再次修改元素周期表。

卡斯德曼等人的新发现，还有可能制造出一些新材料，用来增大火箭燃料的功率。而他们准备制造的类似团簇（14 个铝原子），则可能是更轻和更加有效的传导材料，从而建造出更好的电子和光学装置。

门氏元素周期律和周期表，走过了 100 多年的水千条山万座，终于在无数先贤艰苦的创新之后变得"面目全非"——得到了破茧出蝶的美丽。

纯碱生产 200 年

"啊，中国造！了不起！"

1926 年 8 月，万国博览会在美国费城召开。博览会大厅的中国展台被围得水泄不通，外国人都竖起大拇指，这么称赞。

当时，正值中国军阀混战，"堂堂华国，被侵于列强"之时，那是什么产品让"高鼻子"们怦然心动呢？

1921 年春，美国哥伦比亚大学研究院里，一位中国青年激动地阅读着一封来自祖国的信。这是化工实业家范旭东（1883～1945）先生寄给他的。

范旭东

信中说，由于第一次世界大战爆发之后纯碱产量大大减少，加上交通受阻，英国一家制造纯碱的公司乘机谋取暴利，纯碱价格涨了七八倍，甚至不给中国供货，以致中国以纯碱为原料的工厂都纷纷倒闭了！

那么，生产纯碱就那么难吗？那时中国自己就不能生产吗？是的。

早在 17 世纪，人们就从草木灰和盐湖水中提取纯碱，用来生产肥皂、玻璃、纸张等，但是产量显然很有限。

1756 年，爆发了以英法争霸为主的全欧洲的战争。由于 1760 年法国海军的彻底溃败，为法国提供植物碱源的盟国西班牙向英国臣服。

由于西班牙碱源的断绝和英国明令禁止其他各国向法国输入，法国人不得不啃着酸味浓重的黑面包——纯碱的确关系国计民生。当然，它在战争和其他领域中的的重要地位，自然不在话下。

在这种情况下，法国科学院在1775年悬赏12 000法郎，征求可大规模生产纯碱的方法。一个叫马厚比的人揭榜了。他用硫酸把食盐转化为硫酸钠之后与焦炭、铁共熔，再在空气中的二氧化碳作用下得到碳酸钠。但他的方法因工艺复杂、成本高，碳酸钠纯度不高等缺点，没有得到推广。其后各届法国政府也如此悬赏，一直持续到拿破仑（1769～1821）时代。如梭的岁月一年年流逝，却依然没有"真正的英雄"，于是法国科学院和政府又加大了奖金数额，但"涛声依旧"。

1788年，"真正的英雄"——法国医生路布兰（1742～1806）终于走进"江湖"。他首创从工厂里用食盐和硫酸生产纯碱的"路布兰法"，在一定程度上缓解了"碱荒"。

这里，还有一个"墙内开花墙外香"的故事。在法兰西因战乱缺乏硫酸而不能迅速推广的路布兰法，却渡过英吉列海峡在敌国英国大放异彩：1814年，工程师洛希把路布兰法介绍到英国，而英国政府又在1823年豁免盐税⋯⋯

但是，路布兰法存在生产过程不连续、劳动强度大、纯碱含杂质多、煤耗很大、设备易腐蚀等许多缺点。

制纯碱的第二种重要方法，是比利时化学家索尔维（1838～1922）在1862年取得专利的"索尔维制碱法"，或称"氨碱法"。氨碱法原料便宜，副产品氨和二氧化碳可循环使用，可连续生产，产品纯碱纯度高——此时才被

路布兰

索尔维

称为"纯碱"，产量、质量也高，成本低，所以逐渐将路布兰法淘汰。1873年，索尔维公司生产的纯碱获得了维也纳国际博览会的质量纯净荣誉奖。到了 20 世纪 20 年代，氨碱法已全面取代了路布兰法。

但是，正因为氨碱法有这么多优点，所以技术被制造商严格控制，不让有丝毫泄露。利用氨碱法专利，英国卜内门公司从 19 世纪末就大量（年产量达 20 万吨）生产纯碱，也因此发了大财。

前面说的收信的中国青年名叫侯德榜（1890～1974）。收信之前 8 年，他到美国留学，为的是把外国的先进科学技术学到手，来振兴民族工业。他先后在麻省理工学院、纽约哥伦比亚大学研究院学习、研究，最终获得哥伦比亚大学博士学位。

中国工业的发展需要重要的化工原料纯碱，可自己不会生产，完全依靠进口，如今被英国人卡住了脖子，侯德榜真是又担忧又气愤。

侯德榜

同时，范旭东在信中还讲到他决定筹建永利制碱厂，使中国也能生产纯碱，特邀请侯德榜回国担任总工程师，这就是他来信的主要目的。

这当然是件鼓舞人心的大好事。然而对侯德榜来说，确实是十分突然的。因为他这些年一直致力于研究制革，他的博士论文也在美国制革学术刊物上发表，受到国际制革界重视，如果按这条路走下去，定会有所建树。至于对制碱，他并不精通。

可是，当侯德榜想到英商对中国的欺负和垄断，想到范旭东的爱国精神，他心潮澎湃，热血沸腾，毅然做出放下制革专业的决定，决心要振兴中国的纯碱工业。

1921 年 10 月，侯德榜毫不犹豫地登上了回国的路程，担任了永利制碱厂总工程师，决心创建中国第一家制碱工厂。

由于外国制造商的垄断封锁，侯德榜只了解索尔维制碱法以食盐、石灰石、氨为主要原料，其他得不到半点技术资料。一切都只好靠自己来摸索研究。

侯德榜满怀打破外国垄断，一定要靠中国自己的力量生产出纯碱的豪情壮志，不断地刻苦研究、实验、探索，终于建成了中国、也是亚洲第一家用索尔维法制碱的永利制碱厂，并正式生产出"红三角"牌纯碱！

又经过不断的改进，终于在 1926 年 6 月 29 日生产出碳酸钠含量达到 99% 以上的纯碱。中国人从此打破了英商对纯碱的垄断！

1926 年 8 月，中国生产的"红三角"牌纯碱，在美国费城的万国博览会上得到称赞之后，获得金质奖章。

这里，顺便介绍一下又名世界博览会（简称"世博会"）的万国博览会。它首先是由英国于 1851 年 5 月 1 日在伦敦的"水晶宫"（后毁于大火）开始举办的，当时叫"伟大的博览会"（英语 Great Exhibition）。由于这第一届博览会以工业产品为主，所以这届博览会又叫"伦敦万国工业产品大博览会"——中国则译为"炫奇会"。中国的徐荣村（1822～?）也参加了这届博览会，并以"荣记湖丝"（蚕丝）荣获金、银大奖。

但是，氨碱法有食盐利用率仅 70%、产生用途不大的副产物氯化钙等缺点，所以各国化学家又作了新的改进。比如，德国格鲁德教授和吕普曼博士

永利制碱公司于20世界20年代在塘沽建成的中国第一座纯碱厂

在 1924 年研究了一种称为"察安法"或"中间盐法"的一种新循环方法。这种方法的食盐利用率已达 90% ~ 95%。

侯德榜没有停留在这些方法面前裹足不前。1939 年，他发明了"侯氏制碱法"即"联碱法"。

联碱法的创新在于，它把察安法的单一母液循环改为双母液间的双向循环，将合成氨与氨碱法两个工艺联合起来，同时生产纯碱和氯化铵（联碱法由此得名）。联碱法的原料是氨、二氧化碳和食盐。这种方法的优点是，氯化钠的利用率提高到 96% 以上，综合利用了合成氨厂的二氧化碳，节省了蒸氨塔、石灰窑等设备，没有由蒸氨塔出来的难以处理的废料，成本更加低廉。所以，联碱法已经成为现代生产纯碱（和氯化铵）的主流方法。

1943 年，侯德榜被英国化学工业学会选为名誉会员。而此前的 1933 年，他在纽约出版了《纯碱制造》一书，无私地向全世界公布了保密 70 年之久的索尔维制碱法，得到全世界"谢谢中国人"的赞誉。

侯德榜是本世纪著名制碱专家、中国制碱工业奠基人。解放以后，他历任科协副主席、化工学会理事长、化工部副部长等要职。他还被选为英国皇家学会、美国机械学会和化工学会的会员。

"假饲喂"引出真学说

"砰!"

19 世纪 80 年代末的一天,一个俄国猎人不小心,猎枪走火了,子弹射进了自己的腹部。

医生救了猎人的命,可惜伤口长期不能愈合,在腹部留下了一个通向胃部的小洞——医学上把这通道叫做瘘管,只好用纱布盖着。聪明的医生就利用这个难得的"窗口",来观察猎人胃的活动情况。

这个偶然的消息传开了,一个科学家由此得到了很大的启发,从而诞生了一个新的学说。

这是怎么回事呢?

原来,随着科学的发展,人类在 19 世纪下半叶对自己身体各部分的构造已经基本清楚,但是对内脏器官的工作机理,对"司令部"——大脑以及神经系统的活动规律,却知之甚少。原因很简单,因为内脏和大脑神经都"深藏不露",谁也看不见它们是如何"学习工作"的。

巴甫洛夫

怎样才能观察到它们的活动规律呢?科学家们绞尽了脑汁。

俄国杰出的生理学家伊凡·彼得罗维奇·巴甫洛夫(1849～1936)走在了前面。

在巴甫洛夫之前,研究生理学的科学家们,大多采用一种"急性生理实验"的方法。例如,将狗麻醉后解剖,取出内脏器官来做实验。

但是，巴甫洛夫认为，在这种情况下，狗的器官已停止了正常的工作，观察的结论当然不会准确。他主张用"慢性生理实验"的方法——实验的时候不麻醉、不让器官离开机体。这样，就能准确观察到器官活动的真实规律。巴甫洛夫想：营养是生命的来源，要了解人体内脏的机理，就要从研究消化开始，首先应当观察胃的消化活动。

可是，怎么才有可能看到隐藏的胃的活动呢？

猎枪走火的消息传来了。受到医生利用"窗口"的启示，从1888年开始，一个大胆的实验设计渐渐地在巴甫洛夫的头脑中形成。他用纯种的俄国牧羊狗代替人做实验：先将狗胃的一部分割开，做成一个通向体外的胃瘘管，再在狗的脖子上开一个口子，把食管切断，然后把两个断头都接到体外。

在实验台上，带瘘管的狗的面前摆着一个装着食物的盘子。面对美味佳肴，饥饿的狗狼吞虎咽，可是咽下去的食物半路上就从食管切口处掉了出来，又落在食盘里。狗虽然吃个不停，但胃却始终唱着"空城计"。有趣的是，食物虽然没有停留在胃里，但狗的嘴巴一咀嚼食物，胃就开始分泌胃液。因为胃内没有杂物，透明纯净的胃液就从瘘管一滴一滴地流入外面接着的试管里。

"假饲"实验

这个著名的"假饲"实验告诉我们，食物并没停在胃里，但胃已经开始分泌胃液。这说明胃液的分泌不是食物刺激胃的结果，而是"司令部"通过神经下达了命令——食物一入嘴，味觉神经就向"司令部"报告："食物来了，胃准备！"信号从大脑传到胃，胃液就分泌出来了。

不仅如此，巴甫洛夫在实验中还观察到许多"奇怪"的现象。例如，当狗一看见食物，还没叼进嘴里，瘘管里就开始滴出胃液，这说明不只是味觉神经可以向大脑报告"食物来了"的消息。眼睛看见食物以后，也可向大脑发出报告；甚至不让狗看食物，只是把香肠、火腿等藏在口袋里，灵敏的狗鼻子闻到了香味，也会有胃液滴出。这证明大脑已收到了鼻子发出的"准备消化"的信息。

综合这些现象，巴甫洛夫得出结论：大脑控制、支配着胃的消化活动，它是指挥全身各器官协调工作的"司令部"。

此前，巴甫洛夫在1888年就发现了支配胰腺的分泌神经，但直到20年后才引起学术界的重视。

1904年，巴甫洛夫因为上述"在消化生理方面的研究工作"，荣获诺贝尔医学和生理学奖——成了俄国第一个获得诺贝尔奖的科学家，也是世界上第一个获此殊荣的生理学家。

但是，巴甫洛夫并没有停步。"研究大脑活动规律，认识人体的司令部"，成了他下一个攀登的目标。从1904年开始，他花了30年左右时间进行这种研究。

巴甫洛夫注意到，当狗看到食物或闻到食物的香味的时候，不仅能分泌胃液，嘴角也会流出口水。对了，通过唾液分泌去研究大脑。

巴甫洛夫在狗的面颊上切开了一个小口，使唾液腺的导管经过它通到体外。这样，狗的唾液不是往嘴中流，而是流到挂在面颊上的漏斗中，滴入下面的量筒里。

给狗喂食物，唾液马上流了出来，这属于天生的反射——巴甫洛夫称为"非条件反射"。非条件反射不需要任何训练，无论动物和人都是这样。但是，巴甫洛夫构想了一个奇特的实验。在给狗喂食之前，打开电灯。因为灯光与食物没有任何联系，狗根本不理会，也不流唾液；而开灯后立即给狗喂食，狗的唾液就流出来了。

从此，凡是喂狗的时候，灯光和食物总是先后同时出现，这样重复多次后，一个"意外"的现象出现了：只要灯光一亮，即使不喂食物，狗也会流出口水。可见，在狗的大脑里，灯光已经变成了食物的信号。巴甫洛夫把这称为"条件反射"——我们把它称为"望梅止渴理论"。

《三国演义》中话说曹操带兵征伐张绣，长途跋涉，又逢酷暑，将士饥渴难耐。大智过人的曹操心生一计，用马鞭往前方一指，说：大家火速前进，到前面梅子林歇凉，吃梅子。将士们听了，不觉口生唾液，饥渴得以缓解，脚下的步子也轻快起来。这就是"望梅止渴"的典故。

条件反射是暂时的。对一条建立了条件反射的狗，如果总是只亮灯光，不给食物，狗的口水就会一次比一次少，最后就不再流口水了。此时，暂时建立起来的神经联系也就消退了。

巴甫洛夫认为人类的心理活动也是一种复杂的条件反射，但同动物的行为有本质上的差别。因为人类在进化过程中学会了劳动，同时产生了语言。他把语言叫做第二信号，由语言引起的活动，叫做第二信号系统活动——人类特有的高级神经活动。巴甫洛夫通过 20 多年的研究，证明动物只有第一信号系统这一种高级神经活动，也就是由现实的具体刺激引起的条件反射；而人类则具有第一和第二信号系统这两种高级神经活动。

巴甫洛夫创立的高级神经活动学说，有史以来第一次对生物高级神经活动做出了科学论述。他非凡的创新实验，为观察神经活动安装了明亮的"窗口"，为研究人类大脑皮层的一系列复杂问题，开辟了新的途径。

说巴甫洛夫的实验是"非凡的创新"，一点也不过分。下面的历史可以作证。

1822 年 6 月，有一个法国籍的加拿大皮货商（一说是美国士兵）圣马丁，在美国和加拿大交界的一个交易所被意外走火的猎枪打中了。虽经陆军医生波门特治疗后死里逃生，但却在胃部流下了一个"窗口"。波门特利用这个窗口，用橡皮管引出胃液进行了长达 8 年的研究，得到胃液呈酸性等成果，并在 1833 年写成一本关于胃液和消化生理的专著。但是，他却没能得到巴甫洛夫那些成果。

当然，巴甫洛夫也是"站在巨人肩上"的——另一位著名的俄国生理学家伊凡·谢切诺夫（1829～1905），在 1863 年就出版了《大脑反射》等名著，做了奠基性的工作。

巴甫洛夫留给我们的科学遗产，除了《巴甫洛夫全集》6 卷和《巴甫洛夫星期三》3 卷以外，还有科学研究的格言："不学会观察，你就永远当不了科学家。"——"观察，观察，再观察"，是他一生的座右铭。

窥视人体内的奥秘

X光、CT、（核）磁共振……我们在医院里容易听到的名词。就是它们，在最近的一个世纪陆续向我们走来，为疾病患者带来福祉。

1895年11月8日夜，德国物理学家伦琴（1845~1923）发现了X光。第二年初，X光的穿透性就"立竿见影"：美国哥伦比亚大学的一位教授首先从一张X光照片中发现人体内的异物——猎枪误伤者体内的霰弹。1900年，X光开始用来治疗疾病——狼疮和上皮癌。从此，X光就为诊治疾病"建功立业"，直到100多年以后的今天，依然"老当益壮"，魅力不减。

伦琴

1914年，爱迪生的助手威廉·戴维·库利奇（1873~?）发明了热阴极高真空管，它逐渐取代了原来的离子型X光管，使X光照相术逐渐进入了实用阶段。而美国物理学家汤姆逊（1853~1937）则是改善X光管和X光照片的先驱。

但是，人们很快就发现，用X光拍摄，只能得到平面的黑白照片。于是就千方百计加以改进。

1927年，一位医生发明了在血管中注射碘化钠（NaI）的造影法，应用于X光诊断。

借助于20世纪50年代的X光电影摄影术及视频磁带录像，科学家们开辟了二维空间X光分辨力的研究。

20世纪60年代，美国女博士洛根将加大的慢速X光管用于检查乳房肿瘤，而此前的快速 X 光管一直对此无能为力。

1961 年，美国奥登多佛提出电子计算机 X 光体层术理论，最终导致 XCT 的诞生。

CT 的全文是 computed tomography，XCT 就是"电子计算机 X 光断层成像"（装置）的外文缩写，也就是我们经常简称的"CT"。

美国图夫茨大学的美籍南非理论物理学家科马克（1924～1998），于 1955 年受聘到南非开普敦市一家医院放射科工作。1964 年，他在南非发明了"科马克算法"：把一个物体的许多投影重新组合成这个物体的断层图，解决了 XCT 的数学理论问题。他还专门做了实验。科马克解决这个问题的数学基础，是 1917 年奥地利数学家拉东（1887～1956）在积分几何研究中引进的一个变换。

科马克

豪斯菲尔德

在英国 EMI 公司试验中心工作的英国科学家豪斯菲尔德（1919～），根据他于 1967 年设计、发明的 XCT 的主体部分，和神经放射学家阿姆布鲁斯等协作，在 1971 年 9 月造出第一台 XCT，并在 1971 年 10 月 4 日首次在英国伦敦郊外的阿特金森－莫利医院用于人颅脑检查。次年 4 月，两人在英国放射学年会上报告了 XCT 的诞生和临床应用价值。1976 年，这种仪器在莱德利的改进之下，已经用于全身检查。

1979 年，科马克和豪斯菲尔德获得诺贝尔医学和生理学奖。此时 XCT 已经生产出 1 000 多台。据说，XCT 现在已经改进到第五代。

那么，XCT 的工作原理，或者说它的创新之处是什么呢？

当带电粒子穿过无机晶体（如碘化钠）、有机晶体（如奈）、有机液体（如甲苯）和一些有发光剂的塑料的时候，粒子径迹的周围就会发出荧光脉冲。这个脉冲叫"闪烁"，这些物质叫"闪烁体"。把这一脉冲引到光电倍增管的阴极，则对应的阳极就会有一个相应的电脉冲，从而可记录下这些电脉冲。

早期的 XCT

剩下的问题是：用什么带电的粒子来轰击物体，从而获知这个物体的参数，以及怎样把它"翻译"出来。

科马克首先完成了这个创新——用上面提到的科马克算法。XCT 用一束 X 光穿过人体，在对面由闪烁体接受闪烁次数的多少、吸收情况等，从而反映出人体组织的密度。再用科马克算法由电子计算机绘制出人体断层，诊断出人体组织的情况，从而发现是否有疾病。

XCT 还把 X 光的黑白平面图像，发展到黑白立体图像和彩色立体图像。

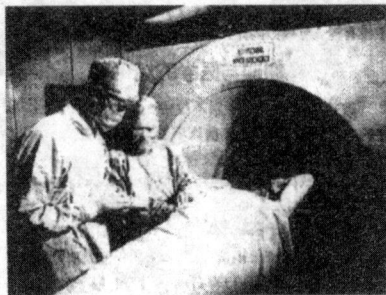

医学诊断

CT 的"兄弟姐妹"中，后来还增加了"超声波 CT"（ultrasonic CT）、电阻抗 CT（electrical impedance CT）、单光子发射 CT（sin‑gle photon emis-sion）、嘎马发射 CT（即 γECT 或 ECT）、正电子 CT（即 PCT）、（核）磁共振 CT（magnetic resonant imaging CT）等。这些利用"闪烁技术"的、能明察秋

毫的各种CT，不只是用于医学，还用于找矿、制造、农业、食品、反应堆组件的无损评估、火箭发动机和导弹等部件及钢板焊缝的无损检测、水泥制品的质量检查等领域。

核磁共振CT，又称为"核磁共振成像"即MRI（magnetic reso‑nance imaging），常被人们简称为"磁共振"。MRI和XCT相比，不是利用电离辐射成像，用于医学诊断的时候，比XCT更好：不杀伤人体细胞；不仅可以得到密度图，还可以得到密度、T_1、T_2三幅图；更能分辨软组织；能穿透骨骼；分辨率优于0.3毫米。当然，MRI也有局限：体内有金属或起搏器的病人不适于这种检查，患幽闭症的人也难以经受这项检查。

MRI也是许多科学家创新才制成的一个"千人糕"。

珀塞尔

布洛赫

1924年，奥地利物理学家泡利（1900～1958）首先发现了某些原子核具有核磁共振的特性。1946年，哈佛大学的美国物理学家珀塞尔（1912～1997）和斯坦福大学的美籍瑞士物理学家布洛赫（1905～1983），各自独立用实验证实了核磁共振现象。他们还解决了一些相关的问题，使之走向实际应用，从而双双荣获1952年诺贝尔物理学奖。

达马丁

继1967年杰克逊首次在活体中得到核磁共振信号以后，美国科学家达马丁在1971年首先提出核磁共振可能成为诊断肿瘤的工具的设想。达马丁在 1977 年制成 MRI 样机得到自己的手腕图像以后，在 1980 年制成了第一台成熟的 MRl。

劳特伯

曼斯菲尔德

大致在同时，美国的保罗·劳特伯（1929～）和英国皮特·曼斯菲尔德（1933～）也在进行 MRI 的研究。

劳特伯的发明是，在 1973 年把梯度引入磁场中，从而创造了一种用其他手段看不到的二维结构图像；他还发明了今天称为"平面反射波扫描"的技术——通过快速的梯度变化可以得到转瞬即逝的图像。这被称为"劳特伯算法"。但是，一家杂志的主编却不发表劳特伯的论文，于是他又把论文寄给这家杂志的一个编委。最后采取了折中方案——发表论文摘要。

曼斯菲尔德的贡献是，利用磁场中的梯度更为精确地显示核磁共振中的差异，使核磁共振技术达到实用水平。由于这两人对 MRI 应用于医学领域的重大贡献，他们分享了 2003 年的诺贝尔医学和生理学奖。

核磁共振的发现，带来的不仅是物理学"嫁接"医学的、用于诊断疾病的 MRI，以及这种不同学科"联姻"的启示，还有其他许多成果。例如，瑞士的里查德·欧内斯特（1933～），就因为发明高分辨率的、划时代的 NMR 分光技术，独享了 1991 年的诺贝尔化学奖。而他的同胞库尔特·维特里希（1938～）也因为对核磁共振技术等方面的贡献，成为 2002 年的三位诺贝尔化学奖得主之一。

MRI 有三个方面的优势：一是对人体基本上没有伤害；二是能得到逼真

的三维图像——医生看人体内部就像看"超市"中的商品；三是可以看动态（例如血流）、看功能。

但是，MRI也有三个缺点：一是有的情况不能做，例如有些安了心脏起搏器的病人；二是病人被放在狭小的空间内，容易产生幽闭恐怖感；三是目前成本高，不普及。

不过，上述第二个缺点在近年得到了一定程度的克服。2005年，德、美两国科学家成功地把庞大的MRI缩小到手提箱大小，而且不必让检测对象处在它的磁场的包围之中，这就避免了被检查的病人的幽闭恐怖感。

用MXRF得到的指纹图

近年，利用X射线又有了一项新的分析技术——"X射线荧光技术"（MXRF）。"X射线荧光"，是指受X射线（"照射光"）照射激发之后发出的"次级X射线"——它与"照射光"的波长和能量都不同。由于X射线荧光的波长和强度，分别取决于物质中元素的种类和含量，所以利用这个规律，就可以检测出物质中元素的种类和含量。

利用MXRF，可以进行宇航探测——例如美国科学家进行了小行星探测；可以进行考古研究——例如中国科学家分析出秦始皇兵马俑的烧制温度在850～1 030℃之间；可以用于刑事侦破——例如利用手指和物体接触后留下的汗液蒸发之后的盐分，来重现指纹。这项技术还用于工业生产、古文物和字画真伪鉴定等许多领域。

以上探测技术，都多少要向探测对象发射出放射性物质，有的会伤害探测对象。而应用约瑟夫逊效应的干涉器件技术（SQUID）则只"探测"，不"发射"。1969年，SQUID已经首次用于检测微弱生物磁场。用SQUID得到的"脑磁图"，将广泛用于医疗临床。

血液学掀起新革命

2000 年 11 月初，一个惊动中国科技界的消息从媒体传出：一位年仅 47 岁的中年人被国务院任命为中国科学院副院长！

这位"年轻"的副院长，就是在 2007 年 6 月 29 日被人大常委会任命为卫生部部长的生物医学家、中国科学院院士陈竺（1953 ~ ）。

和当年的大多数青年一样，16 岁的陈竺也告别了父母，去"上山下乡"—从城市到江西省赣南地区的信丰县小江公社"插队落户"。

陈竺确信，农村需要知识，中国需要科学技术。所以，除了每天和农民一起"日出而作，日落而息"之外，他还在想"修理地球"以外的事——如何用科学技术来"刺绣世界"。

陈竺

于是，初中的书没读多少的陈竺，和另外几位同学开始了艰苦的自学。有位原来的中学老师，被他们的精神所感动，热心地提供了一些学习资料。乡亲们和当医务人员的父亲也对这些好学的青年关怀备至。

终于，陈竺以非凡的毅力，在插队落户的 6 年中，坚持在劳动之余读完了初中、高中课程，自学了英语、法语，并自修医学大专院校的课程。

1975 年，凭着比较雄厚的文化知识基础和杰出的表现，在当地干部、乡亲们的支持下，陈竺进入上饶地区卫生学校学习医士专业，毕业后因成绩突出而留校工作。

"文革"结束，1978 年全国恢复研究生考试。陈竺在 600 多名考生中，以总成绩第二、血液学专业第一名的优异成绩，考入了上海第二医科大学的

硕士生班，成了王振义（1924～）教授的研究生。

中国科学院院士王振义，是一位杰出的血液医学专家，从 1954 年起，就从事血液方面的医学研究。他发表的论文与主编的专著，各不少于 314 篇和 5 本，被世界医学界誉为"癌肿诱导分化第一人"。在王振义的指导下，陈竺参与了攻克白血病的研究。

王振义

白血病，又称血癌，是一种极为可怕的恶疾——人类对它束手无策。20 世纪 40 年代，开始采取化疗的办法治疗白血病。但杀死了癌细胞，也杀死了正常细胞。20 世纪 70 年代末，国际上提出诱导分化治疗白血病的思路，以避免伤及有益细胞，但都无功而返。

三年以后，陈竺成为医学硕士。王振义对他的评价是："我给他一个题目，他做了 5 个，有 3 篇论文在《中华医学杂志》英文版上发表。"其中一项研究的重要内容获得 1982 年卫生部科技进步乙级奖。陈竺也因此被国际血友病联盟接纳为当时惟一的中国会员。

1984 年 9 月，陈竺去法国巴黎第七大学附属圣路易医院血液学研究所进修，随即又攻读分子肿瘤学博士学位，并夜以继日地从事科学研究。1986 年 DEA 考试，他的论文《白血病 T 细胞受体基因的研究》，总评名列全班第一，1989 年以最佳评分通过博士论文答辩。

在法国期间，激动人心的喜讯传来了：1986 年，王振义开创了分化诱导治疗人类肿瘤的先河——在国际上首次应用全反式维甲酸治疗白血病获得成功。一个 9 岁小女孩患急性早幼粒细胞白血病——已知白血病中最凶险的一类，化疗后濒临死亡，经过王振义的方法抢救治疗之后，病情奇迹般地好转，一两年后竟然康复了。王振义创新的方法，为恶性肿瘤在不损伤正常细胞的情况下，可以通过诱导分化疗法取得效果这一新的理论，提供了成功的范例。他因此先后获得五项国际肿瘤研究奖——包括美国凯特林医学奖，1992 年当选为法国科学院外籍院士，2000 年被美国哥伦比亚大学授予荣誉科学博士学位。

然而，维甲酸是如何起作用的，却一直没有人探索。于是，陈竺拿到博士学位后就急于回国——他要从分子生物学的理论高度，来阐明老师的方法的临床效果。当时，不少法国科学家劝他说"留下来前景灿烂"，有的甚至断言，回国后将一无所有！

"一无所有也要回国！"陈竺说，"一个科学家同时应该是一个爱国者。科学无国界，但科学家有祖国。"

1989 年 7 月，陈竺和妻子陈赛娟——与陈竺一起考入硕士班的同学，回到了上海第二医科大学附属瑞金医院。

起初，他们在实验条件上面临很大的困难。建血液实验室，缺人、缺设备。做实验，只能到外面去"借做"。没有专门的交通工具，陈竺就骑自行车去，把那些"贵重娇嫩"的标本、试剂、试管等放在车前的篮筐里，小心翼翼地骑行……

崛起的中国并不是像有的法国人说的那样"一无所有"。学校、医院尽其所能地支持他们；实验的设备等条件逐步改善；市教委、科委拨给的科研经费也源源而来。

在大家的共同努力下，用了两年时间，他们就取得了举世瞩目的成就：发现了维甲酸受体基因结构异常，是急性早幼粒细胞白血病分子改变的关键。

后来，他们又初步揭示了全反式维甲酸所调控的基因表达谱，从而搞清了维甲酸治疗白血病的作用机理，为王振义对白血病临床治疗的成功阐明了理论依据。

十余年来，他们刊登在国际一流学术刊物上的论文达 120 余篇。1989 年以来，陈竺领导的上海瑞金医院血液研究所，几乎年年都出世界水平的科研成果，集美国凯特琳奖和瑞士布鲁巴赫奖等桂冠于一身。1997 年，陈竺又成为第一个获得法国卢瓦兹奖的法国以外的科学家。

砒霜即白砒——主要成分三氧化二砷，即亚砷酐（As_2O_3），是一种传统的典型毒药。中医则根据"以毒攻毒"的原理，用小剂量来治疗某些疾病。

20 世纪 70 年代，哈尔滨医科大学发现它对急性早幼粒细胞型白血病有一定的疗效。20 世纪 90 年代中期，陈竺和他的同事们从细胞和分子生物学的角度阐明了它的作用机理——诱导癌细胞凋亡，并在临床上得到验证，接着在国际权威的《血液》杂志上发表一系列论文。这项发现被认为"在国际血液学上掀起了一场新的革命"，美国的《科学》杂志还作了专题报道。

这两项成就，都在分子生物学的水平上，深入探究了疾病机制和药物作用的"所以然"。这对治疗白血病和促进基因医学的发展都有一定影响。

此外，陈竺还参与了中国与多国合作的人类基因组的研究等工作。

陈竺并不是一个惊世的天才，他最大的特点是勤奋、发扬"团队精神"和敢于创新。

金善宝和李振声各辟蹊径

"密斯特金，拿这些剩饭去给中国人吃吧！中国人正饿着肚皮呢！"20世纪30年代初的一天，在一次大学的聚餐会上，一个美国学生这样轻蔑地对"密斯特金"挑衅和嘲笑。

"遗憾得很，中国离这儿太远了，还是请先生拿到芝加哥去吧！那里失业的人有的是，正需要这些剩饭呢！""密斯特金"毫不示弱，反唇相讥。

显然，这位"密斯特金"是中国人。那他究竟是谁，为什么又从亚细亚跑到美利坚去了呢？

在浙江省诸暨市，有一个300多户人家的石峡口村。石峡口村四面环山，绿树葱茏的南山脚下有一条清水溪，溪水清澈见底，终年流水潺潺，穿越三四里长的山间峡谷，经过诸暨盆地，最终流进大海。几乎都姓金的石峡口村的村民们，栽桑养蚕，种植茶树，或以山上的毛竹为原料土法造纸，远销绍兴、宁波一带。"密斯特金"——金善宝（1895～1997）就诞生在这里的一个金姓秀才家中。

金善宝

从6岁开始，金善宝就在父亲任教的本村私塾里读书。不幸的是，13岁那年，他的父亲生"搭背疮"，因缺药延误治疗而病逝，私塾就停办了，他只得早出晚归到枫桥镇小学的高小部读书。凡事都是"塞翁失马"——求学路上来回奔波的艰辛和早年丧父的磨难，炼就了他坚韧不拔的意志。他自幼热爱劳动，中学寒暑假几乎整天都帮助母亲在桑园、竹园里劳动。农民的疾苦和农业生产的落后，强烈地激发了他的求知和改善农村状况的愿望。而勤奋学习得到的扎实基础知识，和他对影响农作物的生长的诸多环境因素的观察记录，则是他日后大展宏图的"本钱"。

1920年，金善宝在南京高等师范农业专修科以优异的成绩毕业以后，进入这个学校在南京市皇城筹建的小麦试验场当技术员，开始了他振兴中国农业的科研生涯。

皇城小麦试验场是著名实业家荣毅仁的伯父——"面粉大王"荣宗敬每年出资5 000元资助的。虽然它只有106亩地，设备简陋，经费也不多，但却是中国小麦研究史上的一个里程碑。

1921年，南京高等师范改名为东南大学，并设立了农事试验总场。随后，皇城小麦试验场并入总场，金善宝改任总场技术员。他在此工作的6年间，小试牛刀，选育了"姜堰黄皮"、"武进无芒"等深受农民欢迎的优良小麦品种。

1930年，金善宝到美国康奈尔大学农学院和明尼苏达大学农学院学习，就遇上了前面那个美国学生的挑衅。于是，深感"中国积弱，至今极矣"而受人欺负，但又有强烈民族自尊的金善宝愤怒地反击。维护了祖国的尊严。他还拒绝了导师的高薪挽留，决心回国用自己的满腔热血，改变中国的落后面貌。

1932年初，金善宝毅然离美回国后，先后任杭州农学院副教授和南京中央大学农学院教授。他和他的助手们克服了种种困难，从790多个县中搜集大量品种，选出了一批优良小麦品种，使当时的小麦明显增产。1934年他撰写的中国第一部小麦专论《实用小麦论》，连同早在1978年就发表的《中国小麦分类之初步》，以及1945年发表的《中国小麦区域》等，都是小麦研究、教学和生产的重要文献。

1937年卢沟桥事变以后，金善宝随中央大学西迁到重庆沙坪坝。他与杰出的林业化学家、中华人民共和国成立之后的第一任林业部部长梁希教授，同住在一间不到9平方米的竹制简易平房中。但他和同事们没有在艰苦的条件面前"知难而退"，在1939年从3 000多份国外引进的品种中，系统选育出适合长江中下游栽培的"南大2419"和"矮粒多"两个优良品种。解放以后，这两个优良品种很快推广为我国南方冬麦区的主要品种。

新中国成立以后，金善宝根据我国幅员辽阔，地跨热、温、寒三带的优越自然条件，创造性地提出小麦"异地加代繁育"的设想，并在实践中获得成功。一年可繁育三代的优势，把春小麦新品种选育的时间从十年左右缩短到三四年，成为我国小麦育种的一个里程碑。他提倡的"南繁北育"，成为农业科技界广泛应用的术语和育种方法。同时，由他主持先后培育出了京红系列优良品种，其中的"京红"7、

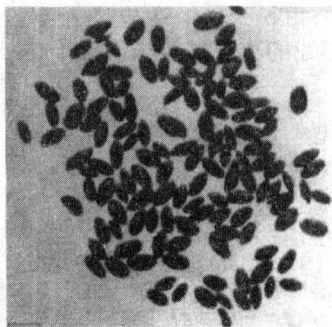

新疆孔雀河出土的新石器时期的小麦表明，中国种植小麦的历史在4000年以上

8、9号，平均单产超过当时风靡世界的墨西哥小麦的10%～20%。这几项成果和"中7402"春小麦荣获1978年全国科学大会奖。

在20世纪60年代后期，黄淮地区的耕种方式和作物品种发生较大变化，致使冬小麦晚播面积比例逐渐增大，平均单产大幅度下降，影响到全国的粮食总产量。对此，金善宝和他的助手们经过几年的努力，培育出耐迟播、抗病性强、稳产、高产、适应性广的新品种——"中7606"和"中7902号"。这两个可晚播15～45天的小麦新品种，亩产一般要比当地推广品种高出20%左右，最高亩产达400多千克，深受广大农民的欢迎。它们的蛋白质、赖氨酸含量比一般小麦分别约高出20%和10%。因此，从1973年起，黄淮流域就成为中国冬小麦的主要产区，历年小麦的播种面积占全国的40%以上，这主要是金善宝改良小麦品种的功劳。

晚播小麦品种培育的成功，打破了冬小麦的常规栽培规律，是小麦育种的一个重大突破。

由于金善宝对小麦的诸多重大贡献，他被誉为"中国的小麦之父"。

金善宝对小麦情有独钟、宵衣旰食，年过耄耋也不减当年，并再立新功。

一天夜晚，忽然刮起了大风，他的女儿金作怡被一阵敲门声惊醒。她开

门看到满身泥污的父亲，非常惊讶地问父亲半夜出去干什么？金善宝笑笑说："听见刮大风，睡不着，去温室看看窗户关好了没有。"原来，他担心温室里的小麦受冻，就瞒着家人悄悄下了床，独自一人摸黑顶风，走了1.5千米多路，不小心跌倒在阴沟里……

这是1981年，农学家、教育家、中科院院士金善宝当时86岁。

1983年，88岁的金善宝和同事们一起，完成了长达60多万字的《中国小麦品种及其系谱》。它是具有中国特色的经典之作，荣获1986年农牧渔业部科技进步一等奖，也得到了国际同行的高度重视。

1984春，89岁的金善宝又风尘仆仆地来到河南新野、邓乡等地考察，关注"中字麦"的播种情况。所到之处，农民们为了表达感激之情，把头一年丰收的麦穗恭恭敬敬地献给了这位"小麦大王"……

2007年2月27日，中国科技界"五大奖"的颁奖仪式，同时在北京人民大会堂的大礼堂内举行。著名植物遗传育种专家、小麦专家李振声（1931~）院士，荣获2006年的国家最高科学技术奖。这"五大奖"中还有：国家自然科学奖、国家技术发明奖、国家科学技术进步奖和中华人民共和国国际科学技术合作奖。至此，"南袁北李"——中国农业科学领域的两大泰斗，都先后获得了国内科技界的最高奖项。

李振声独享2006年这一奖金高达500万元的奖项，主要成果是他独创的"小偃小麦"系列——特别是"小偃6号"，亩产达到600千克，品质也很好。"要吃面，种小偃。"就是农民对"小偃"的赞美。他获奖的另一个重要原因是，在中国粮食总产量连续5年下滑之后的2004年，提出了粮食需要实行恢复性生产的建议，被中央采纳。

1951年大学毕业以后，李振声被分配到中国科学院工作。5年后，他与课题组的13位同志响应中央支援西北建设的号召，调到陕西杨陵中国科学院西北农业生物研究所工作。几乎同时，黄淮流域和北方冬麦区条锈病大流行，造成小麦减产20%~30%，他从此开始了对小麦的研究。

那么，小偃小麦新种是如何培育出来的呢？

　　"从野草中寻找灵感"，实现"远缘杂交"——李振声在北京从事过种植牧草改良土壤的研究，曾收集种植 800 多种牧草，对牧草有一定研究。而他的远缘杂交灵感又来自对普通小麦"不光彩身世"的了解。

　　普通小麦有什么"不光彩身世"呢？

　　"普通小麦是由三种野生植物经过两次自然的远缘杂交，经历了 9 000 年的选择才形成的。中东地区古墓挖出的 9 000 年之前的小麦，叫'一粒小麦'——一个小穗上只结一粒种子，产量很低。"2007 年 2 月底，李振声在中央电视台演播厅说，"后来，一粒小麦遇到了一种田间杂草——拟斯卑尔脱山羊草，发生了天然杂交。这样，它就变成了'二粒小麦'——一个小穗上长两粒种子，产量就提高了。"

李振声讲解小偃小麦是如何育成的

　　"到公元前约 5 000 年，二粒小麦又和另外一种山羊草——粗山羊草相遇，进行了第二次自然的远缘杂交，形成了普通小麦。"李振声继续说，"第二次杂交以后，小麦的面粉产生了非常大的变化。一粒小麦和二粒小麦磨出来的面粉都不能发面，到了普通小麦才能发起来。我们今天能吃到馒头、面包，就是因为能发面，这个基因哪里来的？就是它的第二个衍生亲本粗山羊草贡献的。"

　　于是，李振声根据小麦的"不光彩身世"，产生了另一种想法："普通小麦在人类的照料下成长了5 000年，而野草完全接受大自然的选择，不会像小麦那样娇生惯养。那就可以尝试把野草顽强的抗病基因加入到小麦里面去！"

　　李振声的课题组从几百种牧草中选出了 12 种牧草和小麦做杂交，成功了三种，其中与长穗偃麦草杂交最好。这以后就集中做长穗偃麦草杂交——这样一做就是 20 年。

　　就这样，在解决了杂交不亲和（物种杂交不产生后代）、杂种不育和后代"疯狂分离"三个远缘杂交的难题之后，"以兴趣始，以毅力终"（顾炎武）

的李振声课题组终于取得成功。

当然，像金善宝和李振声这样为小麦丰产奋斗的科学家还有很多——河南省农业科学院研究小麦的许为钢就是其中之一。他主持育成的"郑麦9023"，曾在2004年荣获国家科技进步一等奖，是2007年之前连续5年居中国种植面积最大的优质小麦品种。2007年7月18日，在河南省召开的科学技术奖励大会上，这位1958年出生在重庆的"小伙"荣获该省"科学技术杰出贡献奖"，得到100万元奖金。

"以兴趣始，以毅力终"，"历史使人聪明"，"创新造福人类"——金善宝、李振声和许为钢等科学家的成功，这样告诉我们……

禾下开始乘凉梦

"啊！'瀑布'——金黄色的'瀑布'！"

瀑布怎么会是金黄色的呢？

2001年2月19日上午，中国首届国家最高科学技术奖颁给了吴文俊（1919~）和我们这个故事的主角袁隆平（1930~）。

吴文俊在领奖台上　　　　　　袁隆平在领奖台上

吴文俊得奖，是因为拓扑学和数学机械化证明方面的重大贡献。那么，袁隆平又是凭什么在众多科学家中脱颖而出，摘取这个大奖的呢？

袁隆平获奖的原因是，他"突破了经典遗传理论的禁区，提出了水稻杂交新理论，实现了水稻育种的历史性突破。现在我国杂交水稻的优良品种已占全国水稻种植面积的50%以上，平均增产约20%"。

那么，袁隆平"突破了"什么"经典遗传理论的禁区"，又提出了什么"水稻杂交新理论"呢？

利用杂种第一代优势提高农作物产量，历来被认为是实现农业生产产量突破的最经济、最有效的技术手段。所以，早在 20 世纪三四十年代，美国就推广了优良的杂交玉米。20 世纪 50 年代墨西哥杂交矮秆小麦培育成功，也为解决世界性粮食短缺问题做出了非常重大的贡献。

所以，袁隆平"理所当然"地要选择杂交的方法，来提高水稻产量。

事实上，在 1926 年，美国科学家 T. W. 琼斯就最先报道了水稻下一代杂种的优势现象。1962 年印度的一位科学家也进一步提出了水稻下一代杂种优势在生产应用上的设想。但遗憾的是，科学家们的试验一直没有成功。

那失败的原因何在呢？原来，水稻是一种花器很小的自花授粉作物，异花授粉十分不易。于是，很多人就知难而退，放弃了这一研究。因此，自 20 世纪 20 年代以来，育种学家们培育自花授粉的水稻杂交优势品种的工作却一直没有成功。而且，还由此产生了一个"经典理论"——"自花授粉的水稻没有杂交优势"。水稻杂交也被视为禁区。

但是，袁隆平认为，水稻是自花授粉作物，因为不会退化，所以没有杂交优势；而像玉米这样的异花授粉作物，因为要退化，所以才有杂交优势。如果突破"经典理论"，将会使水稻产量大增。

袁隆平于 1953 年在西南农学院农学系毕业以后，就来到湖南黔阳（即安江）农校任遗传育种教师。如何用杂交方法提高水稻产量，袁隆平一直为此魂牵梦萦。

因此，袁隆平一边教学，一边及时了解国内外水稻育种的最新动态，一边细心观察周围稻田中具有特殊性状的、可作为杂交使用的植株。

1960 年 7 月的一天，袁隆平照例下田观察，一蔸形态特异、"鹤立鸡群"的水稻植株引起了他的特殊兴趣。因为它株型优异，多达 10 余穗，每穗有壮谷一百六七十粒，确是"与众不同"。从理论上讲，如果都种上这种水稻，亩产可超过 500 千克。他如获至宝般地将它照管起来，收获时收回了一大把金灿灿的种子。

第二年春，袁隆平满怀希望地把它们播到试验田里。不久，秧苗发绿了、长高了。但出乎他意料的是，植株参差不齐，怀胎、抽穗、扬花、灌浆后成熟也很不一致，迟的迟，早的早，没有一株性状超过它的前代。

开始，满怀希望的袁隆平感到懊丧，像泄了气的皮球，一屁股坐在田埂上："难道这些分离退化稻株尽是没用的育种材料吗？"

但是，袁隆平就是袁隆平——不会轻易认输的袁隆平，从不急功近利的袁隆平！此时，他并没有让失望把自己打垮，而是积极思考出现这种现象的原因。

他一生的重大转折点就在这一天！

忽然，袁隆平灵感来了。他脑子"灵光一闪"，想起了孟德尔—摩尔根遗传理论的分离规律的观点：纯种水稻品种，它的第二代是不会有分离的状态，只有杂种的第二代才会出现分离现象。

"对！"去年发现的稻株，肯定是"天然杂交稻"的杂种第一代。

想到这里，袁隆平兴奋不已，因为这正是他梦寐以求的宝贝呀！既然自然界中客观存在"天然杂交稻"，那么，只要探明它的规律，就一定能够培育出人工杂交稻来！

事后39年的1999年，袁隆平这样跟一位记者描述那时的情景："当时我坐在田埂上，很苦恼，忽然灵感一发，现在这水稻是呈分离状态，而自交是不会有分离状态的，那它们的上一代——'鹤立鸡群'的那一代，就应该是天然的杂交稻，这岂不是说明水稻有杂交优势？"

但是，这次发现和灵感并没有立即带来成功的喜悦——科学的道路从来都不平坦。

在1964年7月5日，经过14天头顶烈日、脚踩烂泥、手持放大镜的不停观察找寻，袁隆平又偶然发现了1株雄性不育水稻植株。由此，选育雄性不育水稻取得初步成功。他的划时代的杂交水稻论文《水稻的雄性不育性》，发表在《科学通报》1966年第4期上。1964年和第二年，他又分别发现了2株和4株雄性不育植株。从1964年起，连续6年，先后用1 000多个品种，做了3 000多个组合，进行了多方探索研究，但效果仍不理想。

1970 年 10 月 23 日，袁隆平带领的两个学生之一李必海（另一个是尹华奇），又在海南省崖县南红农场荔枝沟村的一片沼泽地中找到了一大片野生稻。从中发现了一株雄花败育野生稻，命名为"野败"，并育成"野败"不育株。

1971 年，袁隆平在全国用上千个品种做了上万个杂交组合，与"野败"进行回交转育。以后他又率先提出通过培育水稻"三系"——雄性不育系、保持系、恢复系进行杂交的设想，并含辛茹苦地加紧进行田间试验。

袁隆平在田间

可是，一些人对"杂交水稻理论"并不看好，说袁隆平是"不懂遗传学规律"。还有一些人说："什么'三代三系'，三代人搞不成器！"

可是，在 1972～1973 年，袁隆平就突破了重重难关，在世界上第一个培育成"强优势籼型杂交水稻"（简称"优势水稻"）。从此，"自花授粉的水稻没有杂交优势"的"金科玉律"荡然无存，而取代它的就是袁隆平的"杂交水稻理论"。

"优势水稻"的根系发达、分蘖性很强、基秆粗壮、穗大粒多、米质优良、适应性广、抗逆性好、高产稳产。1974 年和 1975 年在中国南方试种，效果很好。1976 年开始。就在中国进行了大面积推广。从此，中国成为世界上第一个实现利用水稻杂交优势的国家。

这就是发生在东方文明古国——中国大地上的，被称为"第二次绿色革命"的震撼全世界的重大事件。

袁隆平发明的"优势水稻"，很快就被推向亚非拉美等地区的许多国家，他的名字也名扬四海。播种这种水稻，至今已为全世界增产上亿吨稻谷。1979 年，袁隆平在国际水稻年会上宣读了他的论文，博得了来自世界各地 200 多位水稻专家的高度评价，公认中国杂交水稻技术跃居世界领先地位。1982 年，国际水稻研究所称他是全世界的"杂交水稻之父"。

可是，对于墨守成规的"权威"们来说，袁隆平"离经叛道"的"杂交水稻理论"无异于"无法无天"。于是，20世纪70年代初，在海南岛的一次座谈会上发生了这样的一幕：他和其他年轻人就自花授粉作物有没有杂交优势同两位老专家争辩起来，袁隆平一问再问的时候，这两位老专家竟拂袖而去。

不但如此，这一"拂袖"所产生的"风"，就"吹"了20多年。原来，这两位老专家当时就是中科院的学部委员——现在叫院士。于是，从20世纪90年代开始，湖南省每年推荐袁隆平成为院士的努力都无功而返——两位老专家在选举院士的投票中，都投了反对票。而此时，距离1981年国家科委把新中国成立以来的第一个特等发明奖颁发给"优势水稻"的发明人——湖南农业科学院杂交水稻研究中心主任袁隆平教授，已逾10年！而在此前的1980年，同一项目的专利转让给了世界头号科技强国——美国。

"青山遮不住，毕竟东流去。"在理论的重大创新和实践的巨大成功面前，历史终于选择了公道——1995年，袁隆平成为迟到的中国工程院院士。

当然，袁隆平在1978年评研究员职称的时候，也有类似的遭遇。

袁隆平得过的奖励和荣誉不计其数。1985年10月，获联合国知识产权组织授予他"杰出发明家"金奖。1987年11月，联合国教科文组织授予他"科学奖"。1995年联合国粮农组织授予他"粮食安全保障奖"，聘他为联合国粮农组织首席顾问。1998年底，某评估事务所评估"优势水稻"品牌价值1 008.9亿元，为中国第一品牌。至于像1988年3月在英国伦敦获得的国际朗克基金奖这类奖，更是难以计数。

作为国家杂交水稻工程技术研究中心主任的袁隆平，他并没有在"三系"成功面前停步。他从1987年起经9年研究，又于1996年研究出比"三系"还增产20%的"两系法亚种间杂交种组合"。1997年用"两系"在江苏试种3.6亩，产量达884千克/亩，居国际最高水平，比国际水稻研究所制订的超级育种计划提前6年达标。

袁隆平虽然早已名扬四海，成就斐然，公务繁忙，但他仍坚持几乎每天下试验田。一次去湖北黄岗，农民纷纷前来拜见，当见到他与农民一样粗糙、黝黑的手时。农民无不感叹万端："袁教授，您的手比我们还黑啊！"

袁隆平还先后把联合国教科文组织奖给他的 1．5 万元和美国水稻技术公司每年给他的 1．5 万美元顾问费全捐出来，奖励青年科研者和资助科研项目。

襟怀宽广的袁隆平不但用他的发明让中国受益，而且还使之造福四方。他不但经常派出专家组赴越南、孟加拉等国进行杂交水稻的技术指导，而且几乎每年都要亲自到印度、缅甸等国指导有关技术，为全人类谋利益。

一个农民的儿子，工作在一个普通的岗位上，却做出了令人羡慕的伟大贡献。这正应了"行行出状元"的谚语。愿读者朋友也成为这样的状元。

2003 年 2 月 28 日 23 时 35 分，国家科学技术最高奖得主吴文俊、黄昆、王选和金怡濂齐聚中央电视台一套演播厅——此奖所有 5 位得主中唯有袁隆平没来。但是，他的画面来了。他说，我们培育的第一期超级杂交稻（指籼稻和粳稻杂交）已经成功，大面积平均亩产为 700 千克。他的"第二期"大

"瀑布水稻"：即使你只看见照片·也不得不赞叹！

面积平均亩产 800 千克，已经在 2004 年提前一年成功。他还有"第三期"的 900 千克——稻粒有花生米那么大，稻穗就像扫帚，长得像高粱那样高大，人可以在下面乘凉。他充满诗情画意地说，我们正在做"禾下乘凉梦"，说不定还有"第四期"的 1 000 千克……

"对于不知足的人，没有一把椅子是舒服的。"美国科学家兼政治家本杰明·富兰克林（1706～1790）这句通俗而富有深刻哲理的名言，既能用于贬义，也可用于褒义。今天，我们把它的褒义献给永不知足的袁隆平——祝愿他坐在为全世界的饥民而感觉"不舒服"的"椅子"上，继续那永不消散的"禾下乘凉梦"吧……

2005 年 11 月 27 日夜，在中央电视台的"新闻联播"中，播放了袁隆平

的讲话。他自豪地回忆，在一次国际水稻研讨会上，与会代表们看到他的田间水稻照片中瀑布般泻下的水稻之后，就像故事开头那样惊呼——称超级稻是"瀑布水稻"。

在袁隆平的客厅内，挂着一个横匾，上面写着他自己创作的诗："山外青山楼外楼……百尺竿头非尽头。"看来，这位要活到98岁（一位菲律宾老中医曾这么对他说）的科学家的创新之路，还要继续无限延伸——也许会像爱迪生那样，"工作到下葬的前一天"。

从"液体"到"哈勃"

1609年11月的一天，一台"长镜子"指向了"月亮美人"。可是，既没有看到桂花树、桫椤树和玉兔，也没有看见捧出桂花酒的吴刚和美丽的嫦娥，惟见这个"美人"满脸的"麻子"——苍凉和凹凸不平的表面上的一座座环形山。

美国帕洛马天文台的"海尔"反射式光学天文望远镜，口径200英寸，合5.08米

这台"长镜子"，就是伽利略制造的世界上第一台"天文望远镜"，它的倍率是20。

伽利略完成了首次人类"偷窥""月亮美人"之后，又在当年和第二年磨制了倍率大到32的天文望远镜，并指向太阳系中更多的"美人"——金星、土星及其光环、太阳黑子等，获得了一系列的重大天文发现。

从此，形形色色的各种天文望远镜应运而生，把我们的视野扩展到了银河系之外。像美国于1948～1949年在帕洛马（山）天文台安装的"海尔"反射式望远镜，口径达5.08米，就可以观测到20亿光年之遥的天体……

为了看到更远的天体，各种天文望远镜的口径被越做越大。例如，20世纪90年代，俄罗斯建造的反射式望远镜的口径，就达到25米！

但是，望远镜的口径越大，加工难度也越大。而且，巨大的镜面会因为自身的重力作用或者强气流作用而变形，从而影响聚光的精度。

大口径镜的加工难度，可以从德国朔特玻璃厂生产的一面直径3.58米的反射凹镜看出。先把 45 吨玻璃加温熔化到 1 400℃，然后慢慢注入直径 8 米的碟形模具。全部注入后，再把它们放到一个以 6 圈/分速度转动的转台上，使熔化的玻璃因离心作用而布满碟形表面。当玻璃冷却到 800℃时，才一起放进巨大的炉子中缓慢冷却——时间长达 3 个月！要这么长时间的原因，是防止骤然冷却会产生内应力而使玻璃裂成碎片。接下来 8 个月的热处理后，再进行研磨、抛光、镀铝和钻孔等工序。这样，一个重 23 吨、直径 3.58 米的反射凹镜，在"怀胎"两年多之后终于"分娩"。

直径 6 米的反射式光学天文望远镜：在高加索泽连丘克斯卡亚的俄罗斯专门天体物理天文台

事实上，上面提到的"海尔"，磨制它的凹镜就用了 7 年！

造镜这么困难，迫使科学家们另辟蹊径。

20 世纪 50 年代，前苏联科学家乌德用水银制成了一台液体望远镜，但没有实用价值。

经过许多人的不断改进，在 20 世纪 80 年代初，加拿大科学家阿曼罗·博拉也用水银制成一台镜头直径 45 厘米的液体天文反射望远镜，达到了实用程度。后来，他还加大了直径，并在水银表面镀上了透明薄膜，既解决了外界对水银面的干扰，又避免了水银蒸发和危害人体健康。1987 年，他们的水银望远镜直径已经达到 1.5 米。而他们的长远目标是建造镜面直径 30 米的巨型液体天文反射望远镜。

液体望远镜制作工序简单，只要几十分钟就能制成，而且容易搬动使用。它的成本只有一般光学天文望远镜的 5%——例如 1995 年美国航天局的 3 米直径水银望远镜，仅耗资 50 万美元，而同直径的光学天文望远镜则需要 1 000 多万美元。

目前，液体天文望远镜还存在一些缺点。例如，由于它不能倾斜，所以好像"坐井观天"——只能看到正上方的一小片天空。但在 2002 年，已有 NASA 的天文学家科学家希克森发表论文指出，配上反射镜可以增大它的视野。也有科学家提出用黏滞性更大的硅油代替水银，避免因倾斜改变已经形成的形状。可以预见，这个"后起之秀"，有可能"后来居上"。

除了让望远镜"脱胎换骨"以外，科学家们还有另一条思路。那就是，"走出去"！

在地球上用天文望远镜来观测星星，有很多遗憾。地球是被一层大气包围着的，星光要通过大气后才能到达天文望远镜。大气中的烟雾、微尘、水蒸气的扰动，对天文观测都有影响。更糟糕的是，望远镜的口径越大，这种扰动也越明显。

为此，人们尽量把天文台设置在微尘稀少、大气透明的高山上。像世界上放得最高的天文望远镜，在夏威夷岛的莫纳克亚山顶上，海拔有 4 200 多米。尽管这样，来自大气层的干扰仍不可完全避免。天文学家把这种有趣的"打折"现象，比喻为"从金鱼缸的缸底看天空"。

天文学家多么希望有朝一日，能走出"金鱼缸"，到"大气层之外"去看天空啊。

这一天梦想终于成真了。

1990 年 4 月 24 日，美国"发现"号航天飞机呼啸着扶摇直上九霄，首次携带着人类的第一台太空望远镜，进入高度约 595.7 千米的低地球轨道。人

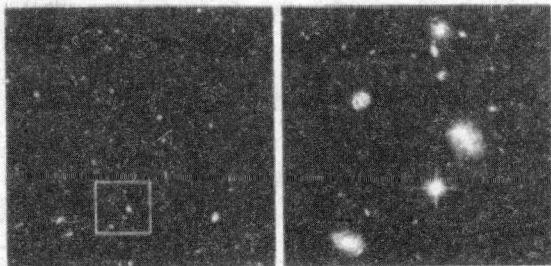

HST 在 2003 年 9 月 24 日～2004 年 1 月 26 日绕地球运行期间
用 100 万秒拍摄的宇宙初生期照片（右为左方框部分的放大）

类终于能"走出去",摆脱大气层的干扰,清晰地、不"打折"地"看"星星了!

这台望远镜,就是著名的哈勃太空望远镜(HST)。用了十多年建造的HST,由光学部分、科学仪器和辅助系统三大部分组成,耗资15亿美元。HST长13.1米、直径4.27米、重11.5吨。直径2.4米的主镜和直径0.3米的副镜组成的"眼睛",分辨率相当高。

HST使人类的视野扩大到140亿光年的空间,还可以清晰地探测到暗至29等的宇宙天体!一个比方可以帮助对这"29等"的理解:在华盛顿看到16 000千米以外悉尼的一只萤火虫!由此可见,它成功升空,在望远镜发展史上是一次飞跃。

那么,这台望远镜为什么要用一个人——哈勃的名字呢?

这是为了纪念星系天文学的奠基人、观测宇宙学的开创者、美国著名天文学家哈勃(1889~1953)。1924年在威尔逊天文台,他成功地用当时最大的2.5米口径望远镜拍摄"仙女座星云"的照片,并测定了它的距离,证明了它是一个和银河系同级的"河外星系",为人类认识宇宙作出了重要的贡献。

哈勃太空望远镜

由于制造的主镜面边缘比设计要求低了2微米多等原因,所以HST的视远由设计的160亿光年锐减为40亿光年——设想的"高瞻远瞩"变成了现实的"深度近视"。经过1993、1997、1999和2002年的4次太空维修,HST的效果有所改善。但由于根本问题无法解决,所以美国人原来打算在2004年的维修计划已经放弃,让它"挥手从兹去",顾不上它"生死两茫茫"了!

HST既已老态龙钟,离"贪婪"的科学家们的要求渐行渐远,那就应该有"接班人"。这样,美国人

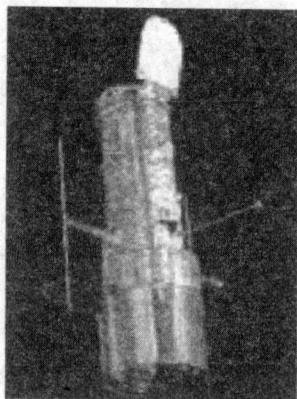

哈勃

就想在 2007 年让 HST 生一个"儿子"——仅有 2.8 吨的"哈勃之子"。据说，它将发射到太阳照不到的地球背面的所谓"拉格朗日点"处，这一点距离地球约 150 万千米。而且，为了保证"雏凤清于老凤声"，"雏凤"的镜头直径 8 米，是"老凤"的 3 倍多。

另外，美国亚利桑那州立大学的"史都华天文台镜子实验室"，2005 年 7 月 18 日已经开始建造世界上直径最大的"巨型麦哲伦天文望远镜"，将于 2016 年在位于智利拉斯卡姆帕纳斯地区的卡内基天文台建成并投入使用。它的主观测镜片将由 7 个直径都是 8.4 米的大型子镜片组成。镜片将以甘菊花的形状被组装在一起：1 个居中，另外 6 个环绕在它的周围。这样，就能观察到任何角度的光线。因此，它的聚光能力相当于一面直径为 25.6 米的巨型望远镜，功能是当前最大光学望远镜——直径超过 8 米的新皇望远镜（Subaru）的 4.5 倍，成像清晰度将达到 HST 的 10 倍。

为了顺利建造这台巨型望远镜，美国的加州卡内基天文台、哈佛大学、史密松天文物理台、亚利桑那州立大学、密歇根州立大学、麻省理工学院、得克萨斯州立大学和得克萨斯农工大学组成了一个联盟。

"中国贫油"面前的创新

"300万美元，打水漂了！撤！"克拉普对他的部下说。

克拉普何许人，这么多的美元为何打了水漂，为什么要"撤！"

雄心勃勃的美国美孚石油公司，要在中国寻找和开采石油。1914年，这个公司派出高级技术人员克拉普率领一个钻井队，于1915～1917年在陕北肤施一带，接连打了7口探井，花了300万美元，结果因收获不大，只好失望而归。他们还放话说："中国将永远不能生产大量的石油。"

"中国没有石油。"美孚石油公司在中国交了这大笔"学费"之后，美国人终于有了这样的"毕业论文"。

克拉普的钻井队铩羽而归之后，美国斯坦福大学教授布来克威尔德来中国进行地质调查。回国以后的1922年，他就在《美国矿冶工程师学会学报》上发表文章，提出"中国贫油论"，并指出中国贫油的地质条件。他的断言是："中国东南部找到石油的可能性不大；西南部找到石油的可能性更是遥远；西北部不会成为一个重要的油田；东北地区不会有大量的油田。"

可是，巨大的中国市场依然吸引着美国的石油大亨们——在那人人必用"美孚灯"（一种煤油灯）的年代，从日常生活到工业、农业、军事……都离不开这"工业的血液"。所以，美孚石油公司不甘心就这样白交"学费"而丢了"肥肉"。于是，在1938年，美孚石油公司的经理弗勒亲自带队卷土重来。但他最后依然是败走麦城。他丢下的话，和克拉普等的话异曲同工："……中国不存在具有商业价值的石油矿藏的可能。"

从此，"中国贫油"论就流传开来。有些中国地质学者，也随声附和"中国贫油"——在当时落后的旧中国，这是很自然的事。

"中国贫油"似乎已成定论。

但是，中国地质学家李四光（1889～1971）根据他对中国地质的深入钻研，一直反对"中国贫油论"。例如，在1928年的《现代评论》上，他发表文章说，"美孚的失败并不能证明中国无石油可办……中国西北方出油的希望最大，然而还有许多地方并非没有希望。热河据说也有油苗，四川大平原也值得很好研究……"此外，李四光于1939年在英国出版的《中国地质学》第222页中，也有类似的看法。

李四光

1953年年底，周恩来（1898～1976）总理等中央领导，把新中国的地质部长李四光请到中南海，征询他对中国石油资源的看法。李四光说："是否存在油矿，关键不在'海相'和'陆相'，而在于有没有生油和储油的条件，在于对地质构造的规律的认识。我国的地质条件很好，地层下含有丰富的石油，仅在新华夏构造体系的沉降带带中，就有几个大油库。在我国的松辽平原、华北平原、渤海湾……都具备生油和储油的条件。我国的石油前景很辉煌啊！"

那李四光为什么要提到"海相"和"陆相"呢？原来，石油的成因分为无机成因、有机成因两种大的学说。

无机成因说认为，石油是由自然界中的无机碳和氢经过化学作用后形成的。有机成因说认为，石油是生物死亡之后的有机物分解形成的。

海相成油说是有机成因说中的一种　李四光之前的理论认为，只有海相沉积中才能生成石油。而李四光则打破了这种框框，创立了陆相成油说——陆相沉积中也能生成石油。

在这次谈话后不久，李四光就在解放后的第一次中国地质学会会员代表大会上提出，我们要积极寻找"二由"，这个"二由"不是《红楼梦》中的"二尤"，而是指"石油"和金属"铀"。

1954年，党中央决定石油普查工作战略转移，不久，在李四光的主持下，松辽平原、华北平原的石油普查开始了。

光有豪情壮志是不够的，还应该对"找油"有深刻的认识。

李四光认为，找油区是找油的战略问题，找油田是找油的战术问题。从战略和战术的要求来说，应当先解决战略问题，然后解决战术问题。

通常，油区是生油和储油条件比较优越的地区，而油田是储油和聚油条件特别好的地带。就找油来说，要寻找油区，就应该根据地质和古地理情况，来分析哪些地区具有利于生油的条件。

所谓有利于生油的条件，是指：①需要有比较广阔的低洼地区，曾长期为浅海或面积较大的湖水所淹没；②这些低洼地区的周围需要有大量的生物繁殖，同时，在水中也有极大量的微生物繁殖；③需要有适当的气候，为上述大量生物滋生创造条件；④需要有陆地经常输入大量的泥沙到浅海或大湖里去，这样，就可以迅速地把陆上输送来的有机物质和水中繁殖速度极快、死亡速度也极快的微体生物埋藏起来，不让它们腐烂成为气体向空中扩散和消失；⑤这些低洼的地区最好是长期的边沉降边沉积，这样才能形成沉积巨厚的生油层和储油层。同时，在这些地区有构造运动，然而又不是强烈的构造运动，特别又是有一定的扭动和旋扭构造的作用。这对于油气的聚集、储存最为有利。

经过地质队员的艰苦奋战，我国首先在松辽平原上发现了大庆油田。1960 年大庆油田的大会战，打开了东部油库的大门。接着，大港、胜利、华北、江汉、南海等一个个大油田竞相张开双臂……

黑色的油龙欢快地奔腾，冲掉了"中国贫油"的"紧箍帽"！

1963 年，中国宣布石油自给的消息后，举世震动，全国人民欢欣鼓舞。地质力学找油的理论，不但在中国结出了硕大的果实，也在国际上放射出了夺目的光彩！

这里提到的地质力学，是在地质学的基础上，运用力学的观点研究地壳构造体系和地壳运动规律的一门新兴的地质边沿学科。它是李四光打破各国"权威"——例如德国的冰川"权威"李希霍芬的束缚，在 20 世纪 20 年代首创的。这也是他对世界地质学最大的理论贡献之一。1948年8月，在伦敦举行了国际地质会议。当他在会上用地质力学理论阐述各种地质成因和规律的时候，震惊了整个会场。

李四光独创的地质力学，不但有重大的理论价值，而且有重大的实际意义。它是一盏伟大的指路明灯，对诸如找矿、预报地震等都起了和将要起巨大的作用。例如，在这盏明灯的照耀下，我们找到了石油。当我们发展原子工业急需铀的时候，还用它找到了铀矿。当我们需要金刚石和铬的时候，也用它找到了金刚石和铬矿……

"雕栏玉砌应犹在，只是朱颜改……"面对新生的地质力学，面对中华大地上"黑色液金"的滚滚洪流，如果李希霍芬和布来克威尔德地下有知，当甘拜下风、自叹不如……

一本科学史书这样评论李四光说："他一生勇于探索，大胆创新，在地质科学的许多领域都有重大突破……"

1988年，中国邮电部发行了第一组"中国现代科学家"邮票，其中第一枚就是李四光。

李四光勇于探索，大胆创新的成功经验告诉我们："有时需要离开常走的大道，潜入森林，你就肯定会发现前所未有的新东西。"电话发明家贝尔塑像下的这段名言，将永远指引着开拓创新的人们——去探索大自然的奥秘，为人类建立功勋！

茅以升钱塘巧造桥

"轰隆!" …… "轰隆!"

1937 年 12 月 23 日下午 1 时,工兵学校的丁教官接到炸桥命令——随着这一阵震天动地的巨响,钱塘江大桥被炸毁了!

是谁这么"残酷无情",把建成通车后不到 3 个月的好端端的大桥炸毁?

原来,设计炸桥方案的,不是别人,而是主要设计和主要负责建造大桥的中国桥梁学家、教育家茅以升(1896~1989)。

> 遥看天兵雷鼓振,
> 风旗云甲押潮来!

——这就是世界闻名的钱塘潮。于是,在杭州民间,就有"钱塘江无底"的传说,又有"钱塘江上建桥——不可能"的歇后语。可见,要建成钱塘江大桥,决非易事。那么,辛辛苦苦修好的桥,为什么又要炸掉呢?

原来,在 1937 年 12 月 22 日,日寇已经进攻武康,杭州危在旦夕。为了延缓敌人的进军速度,只有忍痛割爱——赶在小日本到来之前炸桥断路。

既然"钱塘江上建桥——不可能",那茅以升等中国人,又是怎么把桥修起来的呢?这就是我们这个故事的主题——"茅以升钱塘巧造桥"。

1934 年 11 月 11 日,举行了大桥开工典礼。之后,各承包商分头去筹备造桥设备及材料,直到 1935

茅以升

年4月6日，才正式开工。

"无底"的钱塘江，水深约9米，而且水流湍急。水下有41米流沙层。如何建桥墩，是第一个大难题。

要建桥墩，必须先打桩。在当时的条件下，打钢桩办不到，只能打木桩。从水面到石层大约56米，哪有那么长的木桩呢？从美国购来的长木桩也只有30米长。如何打？

用打桩船打，一开工就不顺利。包工商康益在上海特制了两艘打桩船，每艘140吨。不料，第一只船刚驶进杭州湾的时候，就遇到大风浪，船触礁沉没了。

第二艘打桩船来了，茅以升和罗英（1890～1964）等人亲自上船"督战"。工人们打了两个小时，一根木桩也没有打进去。罗英提议用大气锤打。随着大气锤的轰隆声，木桩发出了咔嚓声——断了。再来，也断了。工人们忙碌了一昼夜，好不容易才打进去一根木桩。

罗英是茅以升在美国康奈尔大学的同学，一直在铁路上工作，修过几座桥，担任过山海关桥梁厂厂长，是一位既懂理论，又有实践经验的专家。茅以升请他当助手，为了尊重他，请他当总工程师。茅以升还破例聘请了当地熟悉钱塘江水文的、土生土长的学者来者佛（本名来佩祺，1906～1952）担任监工，在浇制、定位桥墩时起到了很大的作用。

江中要建9个桥墩，每个桥墩需打160根木桩，总共要打1 440根木桩。照这样的进度，要打1 440天，大桥要求一年（原计划两年半）的时间完工，怎么办？

1933年8月担任钱塘江桥工委员会主任委员的茅以升，坐立不安，寝食皆废。

一天，从母亲屋里走出来，茅以升迎面碰上小女儿于燕。于燕气喘吁吁地跑来，她把小嘴巴凑近爸爸的耳朵，眼睛瞟了一下花坛，悄悄说，"您看，到咱们家来玩儿的小淘气，把花坛冲坏了！"

茅以升轻轻地走到小淘气背后，看见小淘气手拿一把铁壶，正在浇花。

一条水龙向花坛猛冲过去，把花坛的泥土冲出一个很深的洞，眼看几棵花就要被冲倒了。茅以升自言自语地重复着："壶水把泥土冲出个洞，壶水把泥土冲出个洞……"这个极平常的生活现象，像一颗火种，一下点燃起科学家创新的火焰。于燕乌亮的小眼睛闪动着，不解地看着爸爸："爸爸，您说什么？"他没有理睬女儿的问话。

茅以升高兴极了，他从壶水冲花坛这件事里得到了启发，想出了改进打桩技术的好办法——"射水法"。

这是一个多么有意义的发现！茅以升匆匆回到桥工处，直奔打桩船，请工人和工程技术人员讨论射水法。大家一致认为可行，特别是几位老工人，还对做法和设备提出许多建议。

所谓射水法，是用一个带有大水龙带的机器，把江水抽到高处，再向江底冲，把江底硬硬的泥沙层冲出一个洞，把木桩迅速放进洞里，用气锤打。

这样做果然奏效，一天可以打 30 根木桩。

木桩打好以后，如何浇筑桥墩？茅以升和罗英等人商量，采用"沉箱"来解决。空心的沉箱是用钢筋混凝土做的，长 18 米，宽 11 米，高 6 米，有 600 吨，像个无顶的大房子。

如何把沉箱准确无误地放到木桩上，这又是一个难题。大家先后试用了"围堰法"和"浮运法"，都失败了。后来又采用"吊运法"。在吊运一个沉箱的时候，刚运到桥址就被急流冲走了，好不容易拖回来，刚沉到江底，又遇到大潮，将铁链冲断，把沉箱冲到离桥址 4 千米的南星桥，撞坏了渡船码头，后来用 24 只汽船才把它拖回来。不久，又遇大潮，这次把沉箱冲出 10 千米以外，潮落时，沉箱深深地陷入泥砂层，想了好多办法，才把它拖回桥址。

在四个月时间里，沉箱像脱缰的野马，乱窜乱撞了四次。在这连续四次失败之后，社会上闲言碎语越来越多。有的说："江水厉害，桥墩立不住，东跑西窜，'钱塘江造桥——不可能'，这一点也不假。"还有些相信迷信的人说："在钱塘江上造桥，冲犯了河神，一定要给河神烧香上供才行。"一时间，

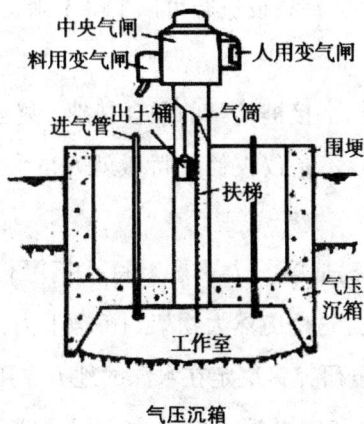

中央气闸
料用变气闸
人用变气闸
进气管 出土桶 气筒
围埝
扶梯
气压沉箱
工作室

气压沉箱

杭州、上海卖符咒的生意红火起来。借款银行听了这些风言风语，也担忧起来。

闲话越传越远，一直传到了南京。当时担任浙江省建设厅（一说交通厅）厅长的曾养甫（1898～1969），急忙把茅以升叫去询问情况。他对茅以升施加压力说："我一切相信你，如果桥造不成，你就跳钱塘江，我也跟着跳！"

曾养甫惯用的这套逼人的方法，确实给茅以升不小压力。茅以升暗暗下定决心："我一定要把桥造好，你骑驴看唱本吧！"

茅以升回到家里，母亲看到他焦急的样子，就对他说：唐僧取经有八十一难，你造桥也有八十一难。只要有孙悟空，有他那根如意金箍棒，你还不是一样能渡过难关吗？何必着急！

母亲的一席话，给茅以升很大的安慰和鼓励。茅以升想：母亲说的孙悟空，不就是全体桥工吗？金箍棒不就是利用自然力来克服自然界中的障碍吗？只要依靠集体力量，采用科学的方法，按自然规律办事，没有什么难关不能攻克的。母亲的话，更坚定了茅以升的信心。

经过一番挫折，最后找到了一个办法：用10吨的混凝土大锚代替铁锚，才把沉箱这匹"野马"制服。

运沉箱的问题解决了，要把沉箱准确无误地放到木桩上，也是个新问题。沉箱通过流砂层，下沉的速度特别慢，一昼夜只能下沉15厘米。经过多次失败，后来改用"喷泥法"，一昼夜沉箱可以下降1米。几经周折，才将沉箱安放到木桩上。

最后，采用了"沉箱下接桩基"的联合基础，终于造好了桥墩。

当然，要修好大桥，不是仅仅修好桥墩就万事大吉了。还要架桥梁、修引桥……

例如，架设桥梁桥就是第二大难题。每孔钢梁长67米，宽6.1米，高10.7米，有260吨。要把这个庞然大物架到桥墩上去，并非易事。怎么办？

茅以升等人经过反复研究，决定在水深的地方，用"浮运法"；在水浅的地方，用"伸臂法"；在江底淤泥多的地方，用"搭架法"。经过多次失败，才把桥梁架好。

……

总之，在克服了一个个难题之后，大桥建成了。这大长了中国人民的志气。正如《中国桥梁建设史》上所说，钱塘江大桥的建设是"旧中国铁路史上一项重大成就，也是中国铁路桥梁史上的一个里程碑。"

在建桥过程中，茅以升等人运用了射水打桩法、气压沉箱法、钢桁架梁浮运法等先进或创新的方法，培养和造就了一大批土木工程，特别是桥梁工程的技术人才。

1937年9月26日清晨4时，第一列火车从钱塘江大桥——第一座由中国人自己设计建造的大型铁路大桥上飞驶而过……

钱塘江大桥是一座多灾多难的桥梁。

日本强盗占领大桥以后，在我抗日游击队的干扰下，用了4年时间才修好通车。

1949年5月3日，杭州解放了。国民党军队在撤退时，在第5孔公路与铁路桥面纵梁两端放上炸药引爆，所幸损坏不大。桥工们经过一昼夜抢修，恢复了通车。

新中国诞生之后，上海铁路局接收续修钱塘江大桥。第5号桥墩于1952年2月修好，6号桥墩于1953年9月修好。钱塘江大桥终于恢复了原状，茅以升复桥的愿望也实现了。

今天，如果你去"钱塘观潮"，将看到另一座崭新的钱塘江大桥——2004年10月16日开通的钱塘江复兴大桥。复兴大桥的主桥长1 376米，桥梁采用两层结构，可以双向同时通过6辆汽车，下层左右两侧是公交车道和宽7米的自行车、行人通道。

神奇的光导纤维

"烽火戏诸侯"——一个妇孺皆知的故事。这是古老的"诸侯"看"烽火"。

这"诸侯"看"烽火",一直持续了几千年:信号弹、信号灯以及船舰之间或其他场合的闪光联系等等。

这些,都是利用火光进行通信联系的例子。利用火光(或自然光)进行双向通信联系或者单向传递信号,就是"光通信"。

邮票:用烽火传递信息

显然,这些光在向"四面八方"的直线传播过程中衰减很快,不易保密,不易反映复杂的通信内容。所以,这种通信技术长期"雪拥蓝关马不前"。

美国发明家贝尔(1847~1922)发明电话的故事广为人知。但是,他的另一项更重要的探索和发明,许多人就不知道了。

1880年,贝尔和他的助手们巧妙构思——用阳光来传递语言信息,发明了一种叫做"光话机"的通话装置。

这个"光话机"的发信部分,主要由一块极薄的镀银云母镜片构成,它能随着声音的大小做强弱不同的振动。通话的时候,先把镜片放到阳光能直接照射到的地方,然后对准镜片说话。这时,镜片就随着声波的变化发出或强或弱的轻微振动。这样,镜子反射的太阳光束也随之产生相应的抖动;再把这光束照到一小片硒电池上,把光信号变成电信号。最后,电信号通过电线和电话接收机相连,就复制出发话人发出的语言了。

但是,贝尔的试验没有达到预期的效果——通过"光话机"所听到的只是一片模模糊糊的、类似人声的咕噜声，而没有听到清晰的语言；同时，这次实验传输的距离仅有 725 米，显然没有实用价值。

然而，这部夭折的"光话机"却极大地启迪了后人对光通信的研究。

科学的发展，使人们认识到光是一种波长极短（对应于频率极高）的电磁波，因此容量特别大，很适于现代通信。

然而，用火光或像贝尔那样用自然光作为光通信的光源，是不理想的——它的亮度、频率及光束能量的集中性等都较差。因此，必须寻找一种具有更多优越性的光，才能为现代光通信开辟新的道路。在这种背景下，"光之骄子"——激光在 1960 年 5 月降生。

从此，人们就向往用激光实现高质量的通信。

最初，人们只是把激光用于空间通信。这种激光通信现在已经应用于许多短距离通信，并且将用于卫星通信和星际间的通信。

但是，由于激光波长很短，在空间传播要受到许多障碍和干扰——尘埃、云雾、雨雪等等都会对它进行散射和吸收，消耗它的能量，所以影响传输信息的质量和稳定性。另一个缺点是，谁都可以接受到这些信号，难于保密。

为了消除这些弊端，人们想到了用电线、电缆传递信息的经验，试图让激光在某种导体中通过，于是人们又开始了新的探索。

其实，早在 1854 年，英国物理学家丁铎尔（1820～1893）在皇家学会的一次讲演中就指出，光可以沿着盛水的弯曲管道传输。1870 年，他做的一个有趣实验，就可以看成是这种探索的源头。他在一个装满水的容器的侧壁上钻上一个小孔，让水喷到地面。然后，他用光从容器上方照射水面。这时，他发现射入水中的光，竟随着水从小孔喷出并同水流一起沿着弧线落到地面，在地面上形成了一个光斑。

1927 年，英国电视发明家约翰·罗吉·贝尔德首先指出，用光的全反射现象制成的石英纤维可以解析图像，并因此获得两项专利。他的这个看法被美国的

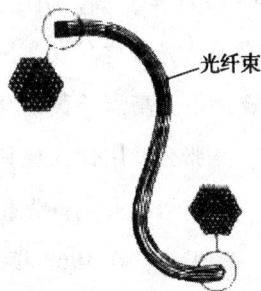

光纤束

光纤束

豪塞尔在 1929 年用实验进一步（在传输电视图像上）证实。

1930 年，德国人拉姆建议把弯曲的纤维集合成束状来传输光学图像。20世纪 30 年代，希腊的一位玻璃工人发现光能毫无散射地从玻璃棒的一头传到另一头。

从 1951 开始，荷兰人范赫尔进行制造柔软纤维镜的探索。

1955 年，在伦敦英国学院工作的卡帕尼博士，最早发明了用玻璃纤维制成的"光导纤维"——"光纤"。但它最初也只是在医学上用来改进内窥镜。大致同时，在密歇根大学工作的美国发明家劳伦斯·科蒂斯，用一根表面覆盖着玻璃的透明塑料细纤维作为胃镜来窥视胃的内部，也获得成功。前面丁铎尔观察到的现象终于得到了实际应用。

1958 年，有人用 2 500 根细玻璃纤维试制出了医学上的内窥镜，可以伸进人的胃里作检查。此外，美国心脏收缩镜公司还用消毒过的玻璃纤维制成了支气管镜。

纤维镜

好，我们还是结束"向后看"，回到"消除用激光进行空间通信的弊端"这个问题上来。现在，激光发明了。于是，"光纤通信"——利用激光在光纤中（而不是在广大空间）传递信息的通信方式应运而生。

1966 年，曾在英国工作过的美籍华裔科学家高锟（1933～）博士，发表了世界上第一篇有关光纤通信的论文《介质纤维表面光频波导》——他和同事何克汉在 1965 年写成，引起了全世界的极大重视。所以，他成了"光纤之父"。当然，光纤通信的创始人至少还应算上华人高煜、黄嘉宾等人。

那么，用什么材料来做光纤——激光的载体呢？

当然，人们首先想到了举目皆是的玻璃。

于是，在 1968 年，英国标准电信实验室开始了用玻璃纤维传送激光的试验。从此，两种新型激光通信系统勃然而兴。

高锟

必须说明的是，在许多人的"逻辑推理"中，细如发丝的玻璃纤维一定是容易断裂的——因为连大尺寸的玻璃制品也容易"粉身碎骨"。这种观点是完全错误的。事实上，把一根玻璃棒熔融后拉成和它长短一样的许多根玻璃纤维，一定比原有玻璃棒更能承受更大的拉力。主要用这个道理制成的物品俯拾皆是：起重用的钢绳、斜拉或悬索桥的纲缆、粗的尼龙绳。都用"多股线"制成。

但是，玻璃纤维损耗过大，信号只能在近距离传输。于是，寻找损耗小的光纤，就成为科学家们至今还在进一步探索的任务。

1970年，美国康宁玻璃公司首先采用气相沉积法，以二氧化硅拉制出长200米、光耗为20分贝/千米的石英（在地球上的储量丰富）光纤——世界上第一根对光纤通信有实用价值的单模光纤。

1968年，美国敷设了第一条光纤通信线路。

1976年，美国佐治亚州亚特兰市利用光缆通信成功，672路电话同时通话。此后，日本、法国、英国等国家都实现了光纤通信。

……

光纤通信的设备一般由光源、光调制器、发射装置、传输装置、接受装置及检测、解调器等组成。

光纤由折射率高的内芯和折射率低的涂料构成，它的直径非常小，大约从几微米到100微米，连同它外面的保护涂层只有一根头发那样粗。用它承载激光完成通信，具有如下优点：轻小、强度高、易敷设，传输损耗低，材料资源丰富、成本低、系统建造费用省，不导电、

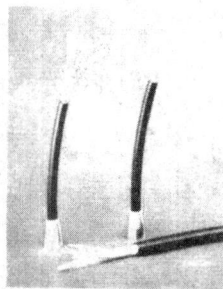

光纤通信

不受电磁干扰、能承受恶劣环境影响。例如，它的低传输损耗，就使传输效率比电缆通信高出10亿倍以上。

光纤通信还具有特大的通信容量。用一对像头发丝那样粗细的光纤，就可以传送150万路电话和2千路电视。用它代替密如蛛网般的电信线路，可以使远隔万里的千百万人同时相互打电话、发电报，传输数据、图像、图表

……假如用 100 多根光纤组成光缆，虽然还没有一枝普通的儿童蜡笔粗，但一秒钟内即可逐字传递 200 本书的内容。据人们估计，未来光纤的传送能力至少比目前增加 1 000 倍。

光纤的发明，带动了通信领域内的革命。特别是在互联网上，如果没有光导纤维构筑宽频带大容量的高速通道，互联网只能停留在理论的设想上。

人们还设想，未来的光纤通信将利用一种新颖的摄像机，将摄取的图像经过处理直接转换成光信号，同时声音也可以通过声——光转换器直接变为光信号。那时的电信设备可能会从通信系统中消失，电就只是作为一种能源来使用了。那时，电话、电视、电传、电报将分别变成"光话"、"光视"、"光传"、"光报"……

此外，科学家一直在设想，有朝一日可以操纵分子来生产显微镜下才能看得见的机器或具有异乎寻常性能的新型材料。这一设想在 2003 年有了突破性进展。美国 IBM 公司开发了一项能使碳纳米管发光的技术，从而为新型光纤技术铺平了道路。

总之，整个通信技术将发生一次划时代的变革，一个奇妙的"光通信"——国际上称为"梦想的通信"的时代就会到来！

我们在为光纤通信这个得意之作自豪无比的时候，一个发现使我们始料不及。

在深邃海洋底部生活的低等动物海绵身上，早已武装了被人类视为高新科学技术的产品——海绵的光纤系统。它生长在海绵身体的四周，是由一些半透明薄膜构成的骨针。

过去，科学家以为这些骨针只是支撑海绵的身体和防御天敌。哪知骨针良好的导光性能，和现代光纤材料异曲同工。一生都为生存抗争的海绵，目的很简单：用自己的光纤设备，为与它们共生的绿海藻多提供一点亮光，以吸引更多的绿海藻到自己身边"安营扎寨"，从而争取到更多的藻类食物。绿海藻也有所得，它们可以从海绵的光纤那里得到自身需要的光能——要知道被阳光忘却的黑暗海底，获得能量很困难。

　　深海海绵既然用自己的光纤——骨针，为绿海藻提供了免费的能量——阳光，又何必将它们拒之门外呢？于是，深海海绵与绿海藻唇齿相依的共生关系，在光纤——骨针的搭桥牵线下形成了。

　　利用光纤，人和海绵各取所需，又是大自然——先行了一步。

　　利用"烽火"——激光，借得"细丝"——光纤，我们"看"到了"诸侯"——内脏的秘密，显微镜下才能看得见机器或新型材料，远方的图像、文字、声音……

　　为了表扬高锟对人类科学界所做的贡献，中国科学院紫金山天文台在1996年将1981年发现的3464号小行星，命名为"高锟星"。而英国科学博物馆则放置了他的照片和科学成就资料。

全息照相以假乱真

"砰！……哐啷！……"

玻璃被砸碎和碎玻璃掉在地上的巨大响声，把人们惊呆了！

这是 20 世纪 70 年代末的一个夜晚，美国一家珠宝商店的大玻璃橱窗前的情景。橱窗里陈列着好多五光十色、绚丽夺目的珍贵珠宝。几个强盗见宝起歹心，砸碎了橱窗玻璃，伸手就要抢珠宝……

玻璃橱窗倒是碎了，可是强盗们却被惊得目瞪口呆——里面的珠宝影踪杳无，好似不翼而飞！以为碰到什么秘密机关的强盗们，吓得撒腿就跑，刹那间也杳无踪影！

这是怎么回事？

原来，橱窗内是一张珠宝的"全息摄影"底片，不懂"高科技"的强盗们被逼真的立体图像骗了。

那什么是全息摄影呢？

普通照相只能记录景物表面的光的强弱（振幅）信息，因此照片只反映了光的信息的一部分，是一幅二维空间的平面图像。

应用激光的全息照相技术，能够记录景物表面的光的全部信息——包括强弱信息和相位信息。因此，它可以逼真地再现物体的三维空间。用全息摄影技术从几个角度拍摄的景物，栩栩如生，有逼真的立体感。更有趣的是，把视点上下左右移动时，人们就仿佛看到了真的物体一样，甚至从侧面还能看到原来物体被遮住的一面。因此，我们对着一幅全息照片，不仅能看到景物的正面，还能看到景物的侧面、背面。

不用镜头的全息摄影逼真的程度，使得原来人们认为能忠实记录物体的、用镜头的普通摄影"自愧不如"。

那家美国珠宝商店就是采用激光全息摄影技术，拍摄了钻石、珍珠、翡翠等珠宝玉器的照片，放在橱窗里。强盗打碎玻璃后，灯光熄灭，激光照片黯然失色，那些逼真的"珠宝"当然也就"灰飞烟灭"了……

全息摄影的原理，是出生在匈牙利的英国科学家丹尼斯·盖伯（1900～1979）在1947年提出来的。当时，他在研究如何克服电子显微镜分辨率的极限（那时是1.2纳米），就提出能记录光的全部信息——强弱和相位，从而得到物体三维立体图像的全息照相理论（他只谈到同轴型）。此外，他还实际得到了人类第一张全息图片，只不过很模糊。

盖伯

当时认为，全息摄影需要相干性很好的单色强光，显然只有激光才符合条件。所以，直到1960年激光出现以后，全息摄影才成为实用的技术。可见，全息照相是激光最有趣的应用。

1961年，美国的利思和乌帕特尼克斯利用激光拍摄成功了第一张实用的离轴型全息图片，用激光参考波照射的时候，重现了清晰的三维物体图像。有了这实践的成功，此后的1971年，他们的先驱——盖伯才获得诺贝尔物理学奖。

从20世纪70年代以来，全息照相术发展很快，在照相显示、干涉测量、显微术、质量控制、结构分析、流体力学、热力学和信息贮存与处理等方面都有广泛应用。例如，在1972年，意大利就为逐渐损坏的古典艺术珍品拍摄了50张全息照片保存起来。

后来，全息记录信息的新方法已经推广到红外、微波和声波。

此外，用光信息处理方法还研制出激光模拟计算装置，在其他技术的配合下，用于处理模糊图像——识别特征或提高清晰度，速度比电子计算机还快几百倍，而且效果更好。例如，用它处理电子显微镜拍的丝状噬菌体的双螺旋结构照片，使分辨率从0.5纳米提高到0.25纳米，从而解决了生物物理学界长期争论的一个问题。

全息摄影的另一发展是，原来要用激光做光源，而现在已经研制出白光反射型全息摄影，还发明了用太阳光和电灯光做光源的技术。这样，就为全息摄影的普及和更加广泛的应用创造了有利条件。

全息摄影在光学信息处理、集成光学和医学研究等方面的应用，也都还有极大的发展潜力。

从留声机到 MP3

"我用一块带尖针的膜片，对准急速旋转的蜡纸，声音的振动就非常清楚地刻在蜡纸上了。试验证明，只要把人的声音贮存起来，什么时候需要就什么时候放出来，是完全可以做到的。"1877 年 7 月 18 日，爱迪生在他的记事簿上这样写道。到了 8 月 12 日那天，又突然出现了"留声机"三个字。

"留"住声音的机器？爱迪生的"牛"吹得大了点——从古到今，没见过谁能把声音永远留驻，让机器开口说话。

在众人的质疑声中，爱迪生 1877 年发明的圆筒式留声机，在 1878 年取得发明专利。《科学美国人》特地报道，文章标题是："当代最伟大的发明——会讲话的机器！"

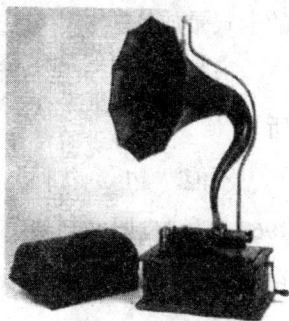

美国 1886 年制造的爱迪生摇蜡管式留声机

仅仅 10 年以后的 1887 年，德国技师埃米尔·贝林纳（1851～1929）就把爱迪生的圆筒式留声机，改进为滚筒式留声机。第二年，他又发明了圆盘型留声机和唱片。

但是，上述录、放音设备，运用的都是机械方式，都有声音微弱、失真，要体积大的喇叭播放等缺点。

白驹过隙又 10 年。1898 年，丹麦发明家鲍尔森又发明了磁性钢丝录音机——第一次把机械方式变成电磁方式。他还在 1900 年的巴黎世界展览会上展示了自己的录音机。

1936 年，德国发明家把鲍尔森的要求很高和笨重的钢丝改为纸带，发明了携带较为方便、价格便宜的磁性纸带录音机。

针尖在钢丝或纸带上划动，只有接触处才被磁化，从而不能在钢丝或纸带上均匀地录音；纸带容易受潮、折断。在 1937 年，马文·卡姆拉斯把纸带换成塑料带，革命性地发明了载有"高频偏振电流"的磁头，才克服了这些缺点。加上后来他加入了立体声、高保真技术，磁带录音机才具有优美的音色，进入了实用阶段。他是有 500 多项发明专利的美国发明家。

贝林纳的第一代留声机

随着 20 世纪 30 年代初和 40 年代初，分别出现的立体声、高保真技术，人们已经能够在固定场合悠然自得地欣赏美音妙乐了。而 1957 年和以后改进的卡式录放音机，当时主要用于汽车上。

但是，这些录、放音设备，都只能在"桌子前"使用，不能"边走边听"。

不能"边走边听"的遗憾，终于在 1963 年被打破。这一年，荷兰菲利浦公司（PILIPS）发明了小型盒式磁带录音机和盒式磁带。这种革命性的玩意，一时成了人们——特别是时髦的年轻人的"囊中之物"。他让大家"边走边听"，一直风靡世界 30 多年。直到现在，依然可以看到它"夕阳的余辉"。

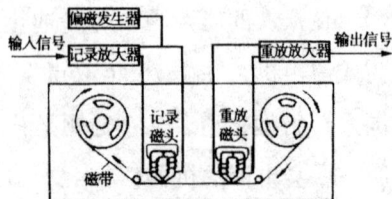

盒式磁带录音机工作原理示意

青山依旧。然而，英姿绰约的盒式磁带录音机毕竟是西下的夕阳——音质不好、体积偏大、耗电较多、寿命不长是它的致命伤痛。

于是，又一轮红日升起，它就是当今世界红极一时的 MP3。

仅仅几年，小巧玲珑的 MP3 播放器，就以它的五彩光环成为当今最高端的超小型数码音频设备。现在，"爱听就听"和"想唱就唱"的"年轻一族"出门，总爱把它像戴项链一样悬在胸前，然后塞上耳塞，扬长而去……

录、放音设备终于从"桌子前"移到了"脖子前"。

不过，当我们正眯眼摇头地和着节拍，哼着"我总是心太软，心太软"的时候，你是否知道 MP3 走过的"水千条山万座"呢？

20 世纪 80 年代末，以苹果公司麦金塔电脑为代表的个人电脑，已开始具有包括能播放音乐在内的多媒体功能。所有这些电脑都是采用 Wav 音频格式保存音乐文件，但这种格式文件的最大缺陷就是体积过大：1 分钟的 CD 音乐拷到硬盘上至少要占据 60Mb 的空间。而在当时，顶尖级的电脑也只有 300Mb 的硬盘。因此，在电脑上播放音乐根本无法普及。

1986 年，德国人卡尔因茨·布兰登堡率先提出"数字音乐压缩技术的构想"——"可以通过一种编码重组技术将音频文件大幅度压缩，然后在播放的时候使用专门的解码技术进行还原，以达到减小体积、保持音质之目的。"

一年后，布兰登堡成功地把一首《骑兵进行曲》的 CD 音乐压缩到原来的 1/5。当然，这要求电脑速度不能过慢。太慢了，就无法正常解码。他说，这样的技术如果不加改进，就毫不实用。

功夫不负有心人。布兰登堡与汉堡的一家音频研究机构合作，终于在 1990 年底，开发出了 MP3。测试的结果是，音频文件的压缩和解码都非常顺利，而且能把 CD 音质的音乐文件压缩到原来大小的 1/12，实现了数字音乐实时压缩。

此时，思维敏锐的布兰登堡已经强烈地意识到 MP3 的巨大市场，于是他就赶在圣诞节前向德国政府申请了专利。1993 年，MP3 技术得到国际标准组织（ISO）的认可，从而成为主流音频格式。

1997 午 3 月——这个容易使人慵懒入梦的春天。韩国三星公司的部门总裁 Moon 先生，在洛杉矶飞往首尔的航班途中，正在笔记本电脑上浏览总部发来的一份市场调查报告。这份报告，是由图像、文字和 MP3 音乐合成的多媒体演示文件。为了保持飞机上的安静，Moon 从行李包里取出耳机进行收听。

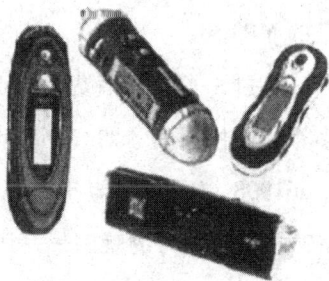

形形色色的MP3

听完了报告，Moon 准备休息。可是，就在他摘下耳机的瞬间，无意中看到邻座一位乘客正在用 MD 听音乐。于是，一个异乎寻常的"火花"被"点燃"了：能不能将 MP3 音乐播放功能从电脑上独立出来，变成像 MD 随身听那样可以移动的音乐播放器？

Moon 把自己的想法整理成文，向三星公司高层作了汇报。

三星总裁觉得这个想法非常不错，随即将报告递交给董事会讨论，最终却被董事们否决了。理由是，三星正在重组，发展重点并不在此，况且当时索尼的 MD 正如日中天，MP3 能否取得成功还是未知数。这样，Moon 的报告也就被"打入冷宫"。

半年以后，金融风暴席卷亚洲。受到严重冲击的三星被迫裁员，Moon 也丢了"饭碗"。但他仍念念不忘自己一直未了的心愿。正当他起身离开三星的时候，韩国的世韩公司（Saehan）就瞄准了他——邀请他出任总裁。

Moon 走马上任后的第一件事，就是宣布研发 MP3 的计划。

1998 年，世韩成功地推出世界上第一款 MP3 音乐播放器——MPman F10，成为 MP3 的鼻祖。尽管它丑陋得像个黑乎乎的暖手壶，只有 16Mb 的内存，但在两个月内上万部的销售量，却令 Moon 和世韩喜出望外。

谁都不会想到，历史上的第一款 MP3，居然由一家当时的"无名小卒"——世韩公司率先推出而载入史册。而三星则终与 MP3 这座金山擦肩而过……

随着世韩 MPman F10 的成功，韩国的其他公司很快纷纷效仿，并推出自己的 MP3。

不过，真正在消费者中产生重大影响的并非韩国的公司，而是美国著名多媒体硬件厂商帝盟（Diamond）。

1998 年底，帝盟推出了具有划时代意义的便携音频播放器——Ri0300 MP3。它以独特的魅力——用闪存作为存储介质，迅速席卷全球。

但让帝盟意想不到的是，Ri0300 MP3 的空前火爆却惹怒了美国唱片工业协会。双方在谈判的时候，唱片协会的一位官员几乎暴跳如雷："你们正在生产强盗产品！"。并很快以 Rio300 MP3 侵犯知识产权为由，将帝盟告上法庭。

经过半年多的官司，1999 年 6 月，加利福尼亚法庭判决帝盟胜诉。

从此以后，无数 MP3 品牌如雨后春笋，其中最出色的要数苹果的 iPod 和三星的 Yepp。2003 年 12 月，美国《财富》周刊还将 iPod 评为"最受欢迎的电子产品"。

2000 年，微硬盘 MP3 异军突起。这是又一个具有划时代意义的创举。

首先，创新公司发布了世界上第一款采用 2.5 英寸（1 英寸合 2.54 厘米）硬盘作为存储介质的 MP3 播放器 Nomad、Jukebox。超过 1Gb 的容量令普通闪存型 MP3 汗颜，展现出前所未有的性价比。它的缺点是笨重了些，使得用户对硬盘型 MP3 的巨大容量失去了兴趣。

对此"看在眼里，记在心头"的苹果公司，则利用东芝 1.8 英寸硬盘雕凿出经典的 iPod，并将硬盘型 MP3 产业推进到一个新高度。

如今，形形色色的 MP3——还有比 MP3 多放像功能的 MP4，粉墨登场，百花争艳。它们具有体积小、重量轻、携带方便、容量大能存储许多节目、耗电小等优点，成为大众的宠儿。

电子放大器件的更新

"被告就是用这个莫名其妙的玩意儿到处行骗的。"

1906 年春的一天，美国纽约地方法院开庭审理一桩离奇的案件。被告是一位穿着破旧、面容憔悴的三十出头的青年。原告是一位公司的经理，他指控被告行为不轨，企图强行闯入他的公司行骗。接着，戴着庄严黑礼帽的法官用手举起一个里面装有金属网的"玻璃泡"，这样对公众说。

"这个'玻璃泡'，是我的新发明，它可以把来自大西洋彼岸微弱的电波放大……"被告也毫不示弱。

这个青年是美国发明家李·德·福雷斯特（1873~1961）——一些资料也写作德福雷斯特。"玻璃泡"就是他发明的真空三极管——也叫电子三极管。电子三极管的发明，是电子放大器件发展的第一个里程碑。

德福雷斯特

新生事物的成长之路总是崎岖又漫长的。德福雷斯特发明三极管之后，由于没有钱做进一步的试验，就带着自己的发明去找有钱的大公司提供资助。由于他不修边幅、衣服又破旧，加之人们对这种新发明还不认识，走了两家公司，连大门也没让他进。到了第三家公司，门卫把他当流浪汉，也不让他进门。他就掏出真空三极管来详细解释说明，试图打动门卫的心，放他进去。不料这门卫见他吹得神乎其神，就认为他是骗子。于是经理叫来几个彪形大汉，就出现了开头的那一幕。

德福雷斯特机智地利用法庭这个公开合法的讲台，大力宣传自己的发明，他充满信心地说："历史必将证明，我发明了空中帝国的王冠"。他的"空中

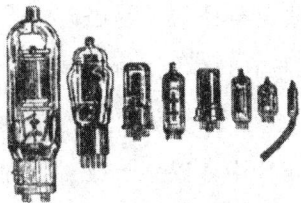

形形色色的电子管

帝国"指的是无线电，"王冠"指的是真空三极管。

这场官司持续的时间并不长，但却闹得满城风雨，结果以青年的胜利告终。法庭判他无罪。从此以后，德福雷斯特的名字和他的"玻璃泡"因此传遍五洲，名扬四海。

那么，一场诉讼案怎么会使他和他的"玻璃泡"声名远播呢？

原来，自从无线电发明以后，电波就能越过万水千山了。但是，电波传得越远，就越微弱。于是，把这微弱的电波放大，就成为发明家们的当务之急。在这种背景下，"无线电的心脏"——真空三极管应运而生。1906 年 6 月 26 日，真空三极管获得美国专利。后来，人们把这一天作为它的诞生之日。美国人还称德福雷斯特为"无线电之父"。

德福雷斯特是怎样创新，发明出真空三极管的呢？

1904 年，英国发明家约翰·安布罗斯·弗莱明（1849～1945）发明了电子二极管，但没有放大作用。德福雷斯特试着在弗莱明那种电子二极管的两个电极之间加入一块小锡箔（这被称为栅极）。经过试验，他惊奇地发现，就是多了这块不起眼的小锡箔，就有放大作用了！经过多次试验、改进，这块小锡箔被用一根铂金丝扭成的网所代替。

弗莱明

也是在 1906 年，奥地利物理学家罗伯特·冯·利本（1878～1913 或 1914）也发明了类似的真空三极管，并在 1910 年申请了专利。

电子二极管和电子三极管由抽到一定程度真空的玻璃泡为外壳构成，后来衍生出许多新品种。它们统称电子管或真空管，统治了无线电大半个世纪。现在，除在一些场合被晶体管（即半导体管）、集成电路（IC）全面取代以外，仍在大功率等领域发挥作用。

但是，电子管有体积、重量和耗电量大，成本高，寿命短，易破碎，噪声大等许多缺点。于是寻找新放大电子组件的任务又摆在科学家们的面前。

美国贝尔实验室研究部下属真空管分部主任、电子管专家默文·凯利（1894～?）在办公室来回踱步——他从20世纪30年代中期以来，就一直在为克服电子管的缺点，发明新组件而殚精竭虑。

1945年初夏的一天，已经升任贝尔实验室副总裁的凯利，约见了同在贝尔实验室工作的固体物理学家肖克莱（1910～1989），同他一起讨论发明新组件的问题。

凯利约见肖克莱不是偶然的。"我认为，用半导体取代真空管做放大器，在原理上是可行的。"肖克莱在1939年12月29日写在实验笔记本上的这段话，是最早的晶体管设想的文字记录。这里的背景是，晶体二极管已在此前诞生。

在谈话中，肖克莱明确表示，应该探索半导体物理学。

1945年秋，以肖克莱为首，有另一位贝尔实验室的科学家、具有半导体实验经验的布拉顿（1902～1987）参加的固体物理研究组里，又增加了一位新成员——擅长理论探索和电气工程的同体物理专家巴丁（1908～1991）。此外，还配有几个各学科的专业人员。

经过几次失败之后改进的装置是，在锗晶体二极管的两个极之间放置一根加上负压的细金属探针（这相当于真空三极管的栅极）。1947年12月16日，布拉顿和巴丁发现，当探针和锗晶体二极管中的一个极靠近到大约50微米的时候，电流被放大了…开创"半导体时代"的点接触型锗晶体三极管诞生。

第一只晶体管：点接触型锗晶体三极管

"如果在爱因斯坦的时空隧道中旅游，您愿到何处观光?"50年过去，弹指一挥间。1997年，有一家杂志的记者这样问"微软大帝"比尔·盖茨。

"我的第一站将是1947年12月的贝尔实验室，"比尔·盖茨不假思索地回答说，"我要去目睹晶体管是怎样发明的。"

由此可见，晶体管三极管的发明，的确在现代社会变革中占有十分重要的地位，是电子放大器件发展的第二个里程碑，曾被称为"改变世界面貌的九项专利"之一，而其余八项是轧棉机、缝纫机、带刺铁丝、电话、电灯、汽车、飞机和静电印刷术。

1947年12月23日，肖克莱请贝尔实验室的最高领导来观看演示：在原来真空三极管的地方，换上了锗晶体三极管，通信线路工作如故。

1948年6月30日（一说23日），贝尔实验室公开展示了这项发明。接着，布拉顿和巴丁获得了发明专利——肖克莱因为没有参加1947年12月16日的实验，与专利失之交臂。

但是，他们三人却共享了1956年诺贝尔物理学奖——肖克莱不但在发明锗晶体三极管的整个过程中功不可没，而且他在1949年提出的PN结理论，使真正实用的结型锗晶体管在1950年诞生。

1954年，硅晶体三极管也在美国得克萨斯仪器公司诞生。后来，形形色色的、用途广泛的晶体管如雨后春笋。

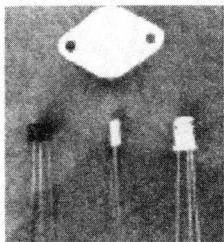

豌豆大小的晶体三极管与电子三极管相比，体积和重量大约都是1/200～1/100，耗电量是1/100～1/10，寿命却是100～1 000倍。于是用真空管制作的庞大电子计算机、各种家用电器等相继退出历史舞台。

但是，科学家们并没有在缩小体积、减小重量和耗电量等方面裹足不前。

几种晶体管

到了20世纪50年代后期，人们已经感到大量独立组件构成的电路的小型化已经"此路不通"——复杂电路中联结这么多组件的大量导线限制了体积进一步缩小。此外，组件数目在急剧增加，要快速组装为成品的工艺又跟不上的矛盾也日渐尖锐。

在这节骨眼上，担任美国得克萨斯仪器公司（TI）副经理的电子工程师杰克·基尔比（1923～）站了出来。1958年9月12日，世界上第一批平面型IC——在不超过4平方毫米的面积上大约集成了20余个元件，由基尔比实验

第一个IC

成功。1959 年 2 月 6 日，基尔比向美国专利局申报了专利，并在次年的美国无线电工程师协会举办的展览会上出尽了风头。

1959 年 7 月 30 日，在位于硅谷的仙童（Fairchild）半导体公司担任副经理兼研究与发展部主任的罗伯特·诺伊斯（1927～）等人，也独立发明了 IC，并在后来获得了专利。不过，早在 1959 年 1 月 23 日，诺伊斯就在日记里详细地记录了这一闪光的设想："用这种方法完全可以在硅芯片上集成几百个，乃至成千上万个晶体管。"

1966 年，基尔比和诺伊斯同时被富兰克林学会授予美国科技人员最渴望获得的巴兰丁奖章，并被分别誉为"第一块集成电路的发明家"和"提出了适合于工业生产的集成电路理论"的人。

基尔比

诺伊斯

对两家公司关于 IC 发明权的官司，美国联邦法院在 1969 年从法律上判定，IC 是一项"同时的发明"：基尔比是第一块 IC 的发明者，而诺伊斯则使 IC 更加专业实用。1978 年 2 月，美国的电器电子工程师协会网体电路学术年会，也有类似评判。所以，当 1990 年 2 月 20 日美国国家工程学院首次颁发德雷帕奖的时候，就把金质奖章和 35 万美元奖金给了他俩——IC 的确不愧是电子放大器件发展的第三个里程碑。

不过，首先设想 IC 的却是英国人杜默，他在 1952 年就发表了 IC 的思想。

IC 内是许多二极晶体管、三极晶体管、电阻器、电容器等电子组件的"集成"（"集成电路"也因此得名），所以省去了连接这些组件的导线空间。例如，著名的"奔腾微处理器（Pentium）"P5——它是美国英特尔（Inetl）公司在 1990 年初开发的，就集成了 300 万个晶体管。当今，IC 已经发展到第五代，一个"集成块"内就有成千上万个组件。

IC 的发明和改进，使电器的体积急剧缩小，以致才有我们的"掌中宝"、"全球通"、"万里达"、超薄电视、数码相机，还有了进入人体内做手术的微小机器人……

"的确，杰克·基尔比的工作给世界带来的改变之深远，是历史上罕见的，"TI 的总裁兼首席执行官安吉伯称赞说，"很难想象，如果没有基尔比，我们公司，这个行业，这个世界会是什么样子……"

IC 被称为"20 世纪影响人类生活的十大发明"之一——其余九项是尼龙、飞机、飞艇、水中呼吸器、石膏绷带、火箭、拉链与电冰箱，以及本书将要提到的电视。这是 1986 年由美国《科学世界》杂志组织千百万读者投票评选的。

晶体管的改进也没有停步。2005 年 5 月，加拿大科学家发明了一种电流只在分子内流动的新型晶体管，它的体积和能耗分别只有传统晶体管的大约 10^{-3} 和 10^{-6}。此外，在 2005 年，日本惠普公司发明了一种取代晶体管的新元件——"交换点阵插锁"。用它代替晶体管以后，能把电子计算机的功能提高数千倍；并最终将取代晶体管——就像晶体管当年取代电子管那样。

无线电定位 100 年

史密斯等三个人驾驶着一只大帆船，正在大西洋上与陡增的风浪搏斗。突然，一阵恶浪打来，在就要翻船的危急关头，史密斯毫不迟疑地打开了用于紧急呼救的信标机。

顷刻间，船翻了，三人全部落水。经过一番苦斗，落水者们终于聚到了一起。

这是 1982 年 10 月 9 口，在离美国东海岸 480 千米的海面上惊险的一幕。

他们得救了吗？

经过一天的挣扎和期待，三个人终于见到一架运输机朝这里飞来。可是，它在他们头顶上盘旋了好一阵子之后，最终还是飞走了。

三个疲惫不堪的人在海上漂泊着，又送走了一个难熬的夜晚。在他们绝望之际，忽然隐隐约约地听到一种"突突突"的声音由远而近——一只汽艇使三人死里逃生。

哈哈，真是"命大福大"在茫茫的大海上漂流了两天还能生还！

不过，可能有人会说，这救援的速度还是太慢了点——要是能在几小时赶到，不是更好吗？

原来，帆船出事那天，前苏联发射的营救卫星——"宇宙－1383"号正飞越这个海域上空，尽管它距地面 1 000 多千米，但靠着那异常灵敏的电子"耳朵"，还是收到了求救信号。经处理后，转交给美国空军基地的卫星地面站。地面站根据卫星的位置和提供的信号的方位等数据，用电子计算机算出了遇难者的准确位置，然后派出飞机侦察核实，再派出汽艇打捞。这样，就用了大约两天时间。

但是，更重要的原因是，当时所采用的是第一代卫星定位系统——多普勒人造地球卫星测地系统（我们简称"DPL"），并不先进。

"DPL"的主要工作原理，是奥地利科学家多普勒（1803～1853）在1842年发现的"多普勒效应"。

那么，"DPL"又是谁发明的呢？

1957年10月4日夜，前苏联发射了人类的

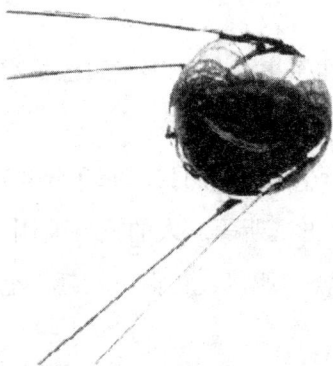

"伴侣"1号：直径58厘米、83.6千克

第一颗人造地球卫星——按一定轨道运行的"伴侣1"号（Спутник－1）。年末，美国科学家吉埃尔和怀芬伯特在用无线电跟踪接收机跟踪它发出的电波的时候，又一次证实了无线电波中的多普勒效应。根据这个发现，他们就能方便地利用电波的频率变化量，来跟踪它的运行轨道了。

这件事被另一个美国科学家米德尔·基里特知道以后，就用逆向思维法考虑：既然可以在跟踪接收机的位置处（即已知地面接收机的位置）测定发出电波的卫星的运行轨道，那么反过来，如果已知发出电波的卫星的运行轨道，那不就可以测定地面接收机的位置么？

基里特博士真是够"绝"的了！

不过，这位善出"怪招"的基里特，从小的"招"就"怪"。据说，他10岁时，曾同两个哥哥一起到舅舅家玩。舅舅叫兄弟仨按"不准用任何工具，不得打碎瓶子"的规则，去打开一瓶"美利坚"牌高级汽水，然后才准喝。当两个哥哥束手无策的时候，小基里特用一根手指把软木塞压进汽水瓶，喝到了汽水。看来，这种逆向思维方式，基里特从小就有了。

基里特用卫星运行轨道测定地面位置的主意倒是不错，但有这样一个问题：当卫星和所测定的地点没有在同一个半球的时候，这种方法就失灵了——卫星发射的微波不能直线传播而穿过地球，到达所测定的地点。

那怎么解决这个问题呢？用"空中接力"——把几颗卫星发射到地球上空各自恰当的地方，使卫星发出的微波能通过其他卫星传播到地球的每一个

角落。

这就是美国在 20 世纪六七十年代开发，并在军事（例如用于跟踪核潜艇）、测地等领域使用的第一代卫星定位系统——"DPL"。

但是，"DPL"有精度不是很高，处理速度慢（锁定一个目标约 90 分钟）的缺点——这也是前面用了大约两天时间才救出史密斯等三人的重要原因。此外，它还有使用不太方便，用途不是很广等缺点。所以，它很快就赶不上信息时代的需要而被冷落了。

替代"DPL"的，是大名鼎鼎的"全球（卫星）导航定位系统"GPS（"GPS"，是 Global Positioning System 的缩写），也叫"导航星授时和测距全球定位系统"。相对于第一代卫星定位系统，GPS 就是第二代卫星定位系统。

GPS 是利用导航卫星实现全球性、全天候、高精度实时测距和定位的导航系统。它由美国国防部管理和控制，在 1973～1993 年用 200 多亿美元建成，并在 1994 年正式投入使用。它和"阿波罗登月"、"航天飞机"工程，并称为"美国 20 世纪三大航天工程"。

研制 GPS 的负责人是布拉德·帕金森。他的远见之一是：系统采用数字化。"下一代人将会理所当然地认为永远不会迷路。"对于这个杰作，帕金森这样不无得意地说。

GPS 主要由空间部分、地面监控部分和用户设备（GPS 接收机）三大部分组成。

当初的空间部分，由距离地面约 2.02 万千米高空的逐步发射的 24 颗卫星构成。它们被平均分布在围绕地球的 6 个轨道平面上，都与赤道平面成 56°角做近似圆周运动。这 24 颗卫星的第一颗，是 1978 年 10 月 6 日发射的，1993 年最后一颗卫星升空——终于在耗资 300 多亿美元之后投入民用。为此，美国还拍了大片《深入敌后》。后来，GPS 增加到 35 颗卫星。由于这些卫星绕地球 1 周的时间是 11 小时 57 分，所以可保证在地球上许多地方，在任何时间，都最少能让 GPS 接收机接收到 4 颗卫星的信号。

GPS 接收机内有一个运行很准的、和卫星同步的时钟，当它接收到信号以后，它内部的电脑就能计算出它和这4颗卫星的各自距离，并由此确定它自己的地理位置。而这个过程，只要一瞬间。

GPS 广泛用于军事、定位、导航、资源勘探、科学研究、大地测量、土壤湿度测量、急救、出警……被世界各国使用。

GPS 有多大的"神通"呢？看了下面的实例就知道了。

1996 年 4 月 21 日傍晚，俄罗斯车臣共和国的反政府武装领导人杜达耶夫一行，在苍茫夜色的掩护下，来到车臣共和国西南的小村庄格希丘野外 1 500 米的地方。他准备通过卫星通信，和远在几千千米以外莫斯科的俄罗斯政要商讨进行谈判的条件。但是，当他的"大哥大"接通几分钟之后，两枚导弹从天而降，准确地落在离他的汽车 1 米远的地方爆炸。随即，杜达耶夫被炸成重伤，当晚不治身亡。

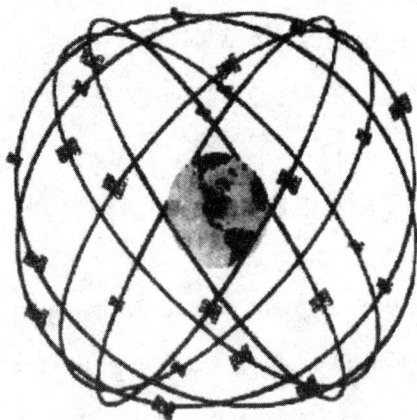

GPS的24颗卫星绕地球运动示意图

让杜达耶夫命丧黄泉的，不是谁的准确情报，而是他的"大哥大"，以及厉害无比的 GPS。

有了 GPS，在 1991 年的海湾战争中，没有一个美国军人在人迹罕见、有时是"黄沙遮天"的大漠中迷失方向。

重庆市万州区黎某的手机在 2003 年 11 月 3 日被盗以后，警方根据被盗后手机通话的信号，用 GPS 锁定了它的方位，1 天多就在茫茫人海中逮着了这个"梁上君子"，手机也归还原主。

掏出你用GPS定位的"电子地图"，就可以追踪小偷，确定车辆位置……

"精确农业"，是指信息技术支撑的现代化农业管理系统，也叫"三高农业"。"三高"（3S），是指 GPS、地理信息系统 GIS 和遥感遥测系统 RS。3S 的源头在 20 世纪 80

年代的美国。有了3S，一个法国农民坐在家中的电视屏幕前，就可以看到他的葡萄园中的葡萄生长情况而迅速采取应对措施。

此时，可能有人会问，那在20世纪六七十年代以前，用什么方法测定地面的位置，从而进行诸如营救、测量等工作呢？

用的是我们经常听到的"SOS"。

那SOS又是怎么回事呢？

"在那十分危急的时刻，住在船舱隔壁的罗斯上校，听到比利时大侦探波洛在墙壁上敲的"三短、三长、三短"（"滴滴滴，哒哒哒，滴滴滴"）的紧急信号，就立即赶来，一剑斩杀了凶残的眼镜蛇……"

看过电影《尼罗河上的惨案》的朋友，一定记得这个情景。

为什么罗斯上校听到"三短、三长、三短"的声音，就知道波洛遇到了危险呢？

原来，这"三短、三长、三短"，就代表着国际上通用的呼救信号"SOS"。

"SOS"最早诞生于海洋的风暴里。它是英文"Save Our Ship"（"救我们的船"）的缩写。如果用摩尔斯电码拍发"SOS"，就是"三短、三长、三短"，也就是"滴滴滴，哒哒哒，滴滴滴"。由于它简单易记，又适合用各种信号表示出来，所以，自从它在1903年被一些人使用以后，国际上就一致同意用"SOS"来代表紧急求援信号，并在1908年7月1日正式生效使用。

不过，也有一个"不守规矩"的。1909年1月22日，英国白星轮船公司的"共和国"号邮轮和意大利"佛罗里达"号船在黎明前的大雾中相撞，幸好"共和国"号用无线电发出紧急求援信号"CQD"，才使两个船上共1560人全部获救。"CQD"是马可尼公司在1904年宣布采用的求援信号，但在1908年7月1日之后，"共和国"号仍在使用。

1909年8月，美国轮船"阿拉普豪伊"号在哈特拉斯角不远处，因尾轴破裂而无法航行，它第一次实际发出了"SOS"求援信号。

显然，用"SOS"有许多缺点：距离太远得不到求援信号，只能大致显示而不能准确确定呼救地点。

那么，在"CQD"和"SOS"之前呢？在这之前，就是更加"原始"的观察恒星在天上的位置，来确定地面的位置，等等。

在1999年2月1日以后，"SOS"永远成为历史。总部设在伦敦的国际海事组织规定，海上通讯及海难求救使用的摩尔斯电码信号系统"SOS"，将在这一天彻底终止使用。取代它的就是GPS。

为了摆脱对美国垄断的GPS的依赖，前苏联－俄罗斯建设了"格洛纳斯"（GLONASS）卫星定位系统。俄罗斯在1993年投入使用的这个系统，从1976年由前苏联始建，有24颗卫星，民用信号定位精度仅为30米，但抗干扰能力强。

除正在运营的GPS和GLONASS两大系统外，欧盟和中国也在建设自己独立的系统。

欧盟。格林尼治时间2005年12月28日5点19分，名为"焦韦－A"的欧洲"伽利略"卫星定位导航系统的首颗实验人造地球卫星，由俄罗斯"联盟－FG"火箭从哈萨克的拜科努尔航天中心发射升空。接下来就是"焦韦－B"、"焦韦－C"……发射这些卫星的目的，是要建立"伽利略"定位系统。这个系统共有30颗卫星（计划在2008年底前全部发射入轨）、覆盖地面面积74%、定位精度0.45米——优于覆盖地面面积38%、定位精度为10米的GPS。欧盟委员会在2006年6月7日宣布，由欧盟和欧洲航天局联合开发的伽利略卫星定位系统，将在2010年向全球提供精度达1米的服务。中国是参加开发这个系统的惟一非欧盟国家。

焦韦（Giove），是英语"伽利略在轨验证部件"的首字母缩写。1610年1月7日，伽利略发现了木星的4颗卫星，而当时"焦韦"在意大利语中也是"木星"的意思，因此以"焦韦"命名，是一个完美的结合。

中国。"北斗"卫星定位导航系统（COMPASS），共由5颗静止轨道卫和 30 颗非静止轨道卫星组成。从 2000 年 10 月 31 日"北斗 - 1"升空开始，到 2007 年 4 月 14 日已成功发射"北斗 - 5"。计划约在 2008 年，COMPASS 将为中国及周边地区提供定位精度 10 米和测速精度 0.2 米/秒的服务。

此外，美国也在继续完善它的 GPS。由波音公司研制的首颗 GPS - 3 卫星，计划在 2013 年发射。

从尼普科夫到贝尔德

走进英国南肯辛顿科学博物馆，你就可以看到一个笨重的机械装置，它的旁边还有一个带着嘲弄微笑面孔的木偶——它的名字叫"比尔"。

那么，这个装置和木偶放在这里干啥呢？

1919 年，美国建立了世界上第一座商业无线电广播电台——匹兹堡 KD-KA 电台。另一种说法是，1920 年 11 月 2 日，世界上第一座商业无线电广播电台在美国诞生。不管怎样说，从此人们就能"不出门"而知"天下事"了。

但是，对于只能传"声音"的广播节目，人们并不满足——渴望还能同时看到有"图像"的节目。

1925 年 4 月的一天，伦敦一家百货商店挤满了顾客。他们不是来买东西的，而是赶来观看一位英国青年人的发明。据说在一年以前，这位青年人就发明了一种电视装置，曾经将一朵十字花的图像轮廓传送到 3 米远的地方。这一次，他改进了这个装置，但大家仍然扫兴而归——他们只看到一些图像模糊不清的影子和轮廓。

传送图像并非易事。其中的关键是"四部曲"：对原图进行"拍摄"和"扫描"，再把图像"同步传送"到需要的地方，并"显现"出来。那么，怎样来演唱这"四部曲"呢？

最早，人们是用机械装置来尝试传送图像的。

1883 年，德国大学生——后来的工程师保罗·尼普科夫（1860～1940）对传真通讯产生了极大兴趣。怎样把图像用电信号从一个地方传到另一个地方呢——他朝思暮想。

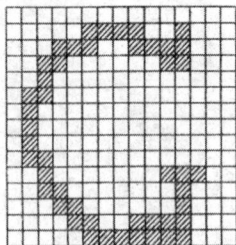

发送方的纸上写着G

一天，尼普科夫看到两个同学在做一个游戏。他们分别坐在各自的座位上，面前各放一张相同的布满小方格的纸。其中"发送方"的纸上如图写着一个字母"G"，这个字母覆盖了许多小方格子；而"接收方"的纸上没有字母。发送方按照每一个小格是黑还是白，从左边开始自上而下一格一格地念给接收方听，当接收方听到第几格是黑时，就用铅笔把那一格涂黑，听到第几格是白时就空着。结果，当发送方念完所有格子后，接收方的纸上就出现了和发送方相同的字母"G"。

"哈，有了！"尼普科夫高兴得叫了起来。

原来，尼普科夫从这个游戏中受到很大的启发：无论是简单的图形还是复杂的照片，都可以分解成许多密密麻麻的黑点。如果发送方能把所有的点变成电信号传送出去，接收方就可以得到和发送方一样的传真图形了。

1884年尼普科夫发明的图像分解圆盘

根据这个道理，经过多次试验，尼普科夫的发明终于完成了。他用灯光照射在一个螺旋穿孔圆盘（14个小孔在圆盘上排成螺旋状）后面的景物上。当用马达快速带动圆盘转动的时候，光束就可以依次透过排成螺旋状的小孔，扫描后面景物表面或明或暗的光点。将这些光点由光电管转变为电信号同步发送给接收装置——类似的穿孔圆盘，就被重新还原显示出所照射景物的图像。显然，还原的过程正好和前面提到的扫描过程相反，圆盘转动的速度则应该相同。这个传递和还原图像的圆盘，就是著名的"尼普科夫圆盘"。他的发明，在1883年的圣诞节上做了展示，1884年1月取得了专利。

从这里，可以明显地感受尼普科夫唱的"四部曲"。其中静止图像之所以能变成活动图像，是利用了人眼的"视觉暂留"原理——影像能在人眼中停留1/16秒的时间。

没有想到的是，尼普科夫圆盘竟成了当今走进千家万户的电视的起点——虽然后来不用转动圆盘的机械扫描，而是采用了电动扫描，但工作原理是完全一样的。为了纪念尼普科夫的前驱性工作，后来德国的第一座电视发射台被命名为"保罗·尼普科夫发射台"。

从尼普科夫的发明来看，对于执着追求、思想活跃的人来说，许多事物都可能引发出创新的思想火花，取得突破性的进展。

尼普科夫圆盘使许多人产生了浓厚的兴趣。开头所说的那位年轻人——来自苏格兰的约翰·罗吉·贝尔德（1888～1946）也是其中之一。

为了找出图像不清楚的原因，贝尔德又开始了新的试验。当初，他以为是实验中的电压不足，就把几百个电池连接起来，但却不小心触到了连接线，2 000伏的高压当即把他击昏在地。第二天，伦敦的《每日快报》就用大字标题报道了他触电的消息。贝尔德一时成了英国的新闻人物……

总之，贝尔德克服了缺乏实验经费、实验室简陋等许多困难，经历了多次失败，终于在1925年10月2日把一个店堂里的小伙子的脸映在了他发明的"魔镜"里。小伙子连连说："奇迹，奇迹，真是奇迹！"

此时，英国震惊了，许多人都提供资金来资助贝尔德。1926年1月，贝尔德终于申请到了一项专利，并向当时的英国皇家学会和新闻界演示了他的电视装置。虽然电视中勤杂工的活动图像仍不够完美，但贝尔德却确立了自己作为机械电视发明家的地位。

1928年，贝尔德把伦敦转播室的人像，成功地传送到纽约。有了这次成功，英国广播公司就次年9月根据议会决定，允许贝尔德公司开始试验性地播送"机械电视"广播，每秒12.5帧图像，每帧30行——而现在流行的电视多为每秒25帧和625行。

啊，明白了，前面那个笨重的机械装置和它旁边的"比尔"，就是当年贝尔德传递电视图像用过的物品。

不过，这里还有一个问题："比尔"是一个木偶，那用它干什么呢？

这里还有一个趣味故事呢！

原来，也是在 1925 年 10 月 2 日，贝尔
德在伦敦把电视播放机和接受机安排在两个
房间里做实验。在用"坐"在椅子上的"比
尔"做试验成功以后，他被喜悦冲动，情不
自禁地以旋风般的速度，拉着隔壁房东威廉
代替"比尔"当"电视模特"。但威廉因为
灯光太强热不可挡，就悄悄地"临阵脱
逃"——在贝尔德到另一个房间去的时候。
此时，由于没有看到威廉的图像，贝尔德以

机械电视装置

为失败了，只好再次让"比尔""登台"，于是映像管上再次出现"比尔"那
带着嘲弄的微笑……

1936 年 11 月 2 日，英国广播公司正式从伦敦的亚历山大播送黑白图像的
电动电视节目。但使人伤感的是，由于机械电视已经夭折，机械电视发明家
贝尔德竟没被邀请出席"开幕式"。也许，把贝尔德当年的设备摆在博物馆里
供人参观，使人怀念贝尔德，就是为了弥补这个遗憾吧！

这个遗憾，说明了创新的东西在开始都是不成熟甚至是简陋的。因此，
我们这个"开拓创新"的社会，必须重视这些"科学婴儿"，并给予足够的
宽容与支持。

与贝尔德大致同时，德国物理学家卡罗卢斯（1893～1972）、美国的詹金
斯等人也在进行类似的研究。

以上就是现代电视的前驱——机械电视研制的简单过程。

电视如何走进千家万户

机械电视的"灵魂"是马达，它的转速越快，每秒钟就能传送更多幅图像，图像也就越清晰。但是，要马达转得更快，受到当时技术条件的限制，而且马达的稳定性也会变差，电视机的故障率也会增多。这就是说，机械电视走进了两难的死胡同。

由于机械电视的图像和稳定性始终不能"更上一层楼"，所以许多人就同时在研究"电动电视"。当然，这种电视也需要"四部曲"。那我们就来看一看先贤们是如何分别完成这"四部曲"的。

我们先从"电视之父"、物理学家兹沃里金（1889～1982）谈起。

在美国无线电器公司的副总裁萨诺夫投入5 000万美元的支持下，1919年从前苏联出走到美国西屋电器公司的兹沃里金，于1923年和1924年分别发明了静电积贮式摄像管和电子扫描式摄像管。虽然这些电子扫描装置比较原始，所显示的图像也暗淡模糊，但却是现代电视摄

兹沃里金

像管的先驱，他的"电视之父"的美称就是因此获得的。后来，经过他和其他人的改进，在1930年进入实用阶段，这就完成了"第一部曲"——"拍摄"。

1908年，英国的肯培尔·斯文顿（1863～1930）和兹沃里金的老师、俄国人罗申克（1869～1933），各自独立提出了电子扫描原理，从而奠定了近代电子电视技术的基础。

1929 年 7 月，美国爱达华州的小城里格比的"天才少年"菲格·法恩沃兹斯，研制了世界上第一个同步脉冲发生器。第二年，他又发明了新的扫描技术与同步系统。后来，在同纽约的兹沃里金的官司中，他还赢得了电视发明的优先权。当然，实际上这两位发明家相隔近 5 000 千米，是各自独立发明电视的。而且，今天的电视系统采用了这二人各自的精华。

1930 年，德国物理学家施勒特尔（1886～1973）发明了电视图像的"隔行扫描"法，并获得专利，这成为以后大半个世纪的电视扫描方式。这些发明，完成了"第二部曲"——"扫描"和"第三部曲"——"同步传送"。

不过，最早（在 1842 年）提出"行扫描"这个概念的，则是苏格兰精密机械师、钟表匠亚历山大·贝恩（1810～1887）。他在世界上最早提出用电来传输图像和文字的设想，并首先进行了电传真实验，还因此在 1843 年取得英国 9745 号专利。

显像管的诞生，完成了"第四部曲"——"显现"。1878 年，英国物理学家克鲁克斯（1832～1919）在前人发明的基础上，制成了阴极射线管。8年之后的 1886 年，德国物理学家布劳恩（1850～1918）在阴极射线管的基础上，发明了世界上最早的电子显像管——"布劳恩管"，但他的发明没有得到实际应用。后来，经过许多人，特别是德国物理学家阿尔登（1907～?）在1925～1926 年的改进之后，终于在 1930 年成为实用的显像管——用于电视图像显示或其他（例如示波器）显示。

也是在 1930 年，阿尔登把"四部曲"一起弹奏成一个优美的乐章——用显像管完成了完全电动化的电视播送方法，并于 1931 年在柏林无线电展览会上公布于众。他的"综合"演奏，走出了向现代化电视迈进的关键一步。

此时，笨重、噪音大、图像不理想的机械电视已经夕阳西下。

后来，英国电器音乐公司与马可尼公司合作，在兹沃里金等人研究的基础之上，终于设计出全电动的电视系统的扫描发生器，图像质量远远超出贝尔德的机械扫描电视。

为什么电动扫描电视比机械扫描电视的图像质量更好呢？这是因为前者

用电子扫描，比机械扫描更快，扫描行数更多（例如常用 625 条）的缘故。

接下来，激动人心的电动电视时代开始了。

——从 1931 年起，前苏联开始试播电视节目。

——1935 年，柏林在 1932 年建造的一座电视发射台，开始按时播放节目。

——1935 年 11 月 10 日，在法国邮电部长乔治·曼德尔的热情支持下，人们在艾菲尔铁塔上安装了电视天线，举行了电视转播的开幕式。

——1936 年，电视拍摄首次用于在柏林召开的奥运会上。这一年，是电视发展史上的里程碑。

……

1939 年 4 月 30 日 12 时 30 分，这是美国第一次正式转播电视节目的日子。在纽约的弗拉辛草坪上，人们通过电视，观看了罗斯福总统（1882～1945）在名为"明天的世界"博览会上的开幕词。

1936 年用于接收艾菲尔铁塔信号的电视机

此后几天中，有成千上万的人赶到纽约曼哈顿百货商店排队，为的是一睹电视这种新鲜玩意儿。这次电视在美国的亮相，成为当时轰动一时的大新闻。

"电视"（television）是希腊词"从远处"（fete）和拉丁文"看"（vision）这两个词合成的；另一种不完全相同的说法是，"电视"（television）是希腊词"远处"（tele）和"景象"（vision）这两个词合成的。它是 1900 年 8 月 25 日由法国学者波斯基在巴黎的一次国际大会上宣读的论文中提出来的。

经过各国科学家几十年的共同奋斗，黑白电视终于开始逐渐走进寻常百姓之家了。

但是，人们很快就不满足于黑白电视了——谁不喜欢五光十色、五彩缤纷呢。所以，从 20 世纪 40 年代开始，特别是第二次世界大战以后，人们又致力于彩色电视的研制，最终让彩色电视从 20 世纪五六十年代开始，逐渐走进了千家万户。

当然,彩色电视的前驱是前苏联工程师 I. A. 阿达缅、前面提到的贝尔德和美国的贝尔研究所,他们分别在 1925 年、1927 年和 1929 年就开始研究了。例如,贝尔德就把尼普科夫圆盘上的 1 条排成螺旋形的孔,改成 3 条——分别对应红、蓝、绿三种颜色。而更早的探索则是 1904 年颁发的一份有关彩色电视的专利,当然此时仅仅做了一些探索性试验。

一二十年以前的电视,都是"模拟电视",它的清晰度等都受到很大限制。于是"数字电视"应运而生,它比模拟电视更清晰。"数字高清晰电视"的清晰度,又是普通电视的四五倍,所以是当前电视发展的方向。中国于 2005 年在杭州开始试播了中央电视台的数字高清晰电视,2006 年 1 月 1 日正式在全国几个城市播出。

如果说从机械电视到电子电视是电视的"第一次革命"的话,那么从模拟电视到数字电视就是电视的"第二次革命"。它起源于 20 世纪 60 年代中期的日本,随后欧美也积极跟进,投入的研制经费超过几十亿美元。这么大的投入,在一项商品没有完全市场化之前,是非常罕见的,原因在于看好几十万亿美元的市场。

目前,由于播放和接收的成本较高等原因,高清晰电视还没有全面普及。但是,随着科技的发展,高清晰电视这只"王谢堂前燕",必定会"飞人寻常百姓家"。

当我们现在安坐家中悠然自得地欣赏精彩电视节目的时候,不要忘记大约在 1877 首先提出"电视"这个概念的法国律师塞列克,以及他在 1877 年对"电视发射系统"的原始构思。当然,电视 TV(television 的缩写)这个英文单词,在 1900 年才出现。

"苹果"和 IBM 争霸

"蓝色巨人"放出了"蓝精灵"！1981年末，人们惊呼。

这里说的"蓝色巨人"，就是美国的国际商用电器公司——著名的 IBM 公司。

人们为什么这样惊呼呢？

1981年8月12日，是一个"个人电脑"史上值得纪念的日子。

这一天，IBM 公司对外宣布，"PC 机之父"（IBM 内部在后来的尊称）唐·埃斯特奇领导的团队开发的 IBM PC 机横空出世。从此，一种供个人使用的微型电脑，开始大踏步走进全世界的每个办公室和家庭，昭示又一个新时代——个人电脑时代的到来。

IBM PC 的"心脏"是4.77MHz 的英特尔8088微处理器，16位的运算速度远胜此前"苹果Ⅱ"的8位机。

唐·埃斯特奇

接着，在1983年5月8日，IBM 公司又推出了 IBM PC 机的改进型——IBM PC/XT 机，增加了硬盘装置。这下真的火了：当年的市场占有率就达到76%，把苹果电脑公司赶下了微型电脑的霸主宝座。

不过，此前的"苹果"确是"独领风骚"，功不可没。

大名鼎鼎的"苹果"创始人，是斯蒂夫·乔布斯（1955~ ）和电脑天才斯蒂夫·沃兹尼亚克（1950~ ）——朋友们都叫他沃兹。由于他俩有许多共同之处——从小就对电子学感兴趣、都爱玩恶作剧……所以一见如故，成为莫逆之交。

沃兹自幼聪颖过人，在学生时代，就显示出创造精神。可他顽皮、喜欢恶作剧。有一次，他将自己制作的电子节拍器包裹起来，悄悄放在老师的讲台上。老师上课的时候，发现一包发出"滴嗒滴嗒"声的东西，以为是定时炸弹，连忙"奋不顾身"地把它抱到操场上，然后安排全校学生撤退。为这事，他受到了学校的处罚。

沃兹的电工学老师麦卡勒姆，却从他"臭名远扬"的恶作剧中，发现了沃兹在电子方面的天赋。学校的课程不够他"吃饱"，麦卡勒姆就想到了电子计算机。

"对！计算机世界里有许多有趣而棘手的问题，够他费脑筋的了。"麦卡勒姆找到附近的西尔瓦尼亚电子公司，与他们达成一项协议——让沃兹每周到那里去操作几次计算机。就这样，沃兹"因祸得福"——从此与电子汁算机结下了不解之缘。

1981 年 8 月 12 日微软
推出的 NS－DOS1.0 版

沃兹开始是"纸上谈兵"——从中学到科罗拉多大学，就设计过将近 50 种计算机。1971 年夏天利用暑假，他和中学时代的老朋友费尔南德兹，搞到了硅谷工厂生产的因外形缺陷而处理的廉价零件，动手"实战演习"起来。

夏日炎热难熬，再加上电烙铁的烘烤，他们浑身都被汗水浸透了。为此，他们准备了大量的奶油苏打水，边焊边喝。经过十几天夜"日夜兼程"，计算机终于试制出来了。

"这台计算机起个什么名字呢?"费尔南德兹问。

"这家伙是用奶油苏打水'喂'大的，干脆就叫它'奶油苏打水'吧！"沃兹回答。

为了让外界也知道他们的成果，他俩给当地的报社打了电话，把"奶油苏打水"吹嘘了一番。

不久，兴冲冲地来了一位记者和一位摄影师——他们正在为找不到"天才少年"的创造发明而发愁呢!

　　记者粗略地端详了一下散装在地毯上丑陋的"奶油苏打水",不禁皱起了眉头。

　　"能操作一下吗?"记者将信将疑地问道。

　　"当然行!"沃兹早就等着这句话了,他胸有成竹地回答。

　　可是,当沃兹打开开关之后,忽然发现一缕青烟冒了出来,紧接着主机火光一闪,一股刺鼻的焦臭味弥漫了整个房间……

　　"不好,短路了!"沃兹连忙拔掉电源插头。

　　"奶油苏打水"成了"垃圾堆"。记者摇头失望,悄然走出房门。

　　一把火,把沃兹一举成名的希望烧成了灰烬。

　　"花开花落自有时,蓄芳待来年。"沃兹坚信。

　　此后,沃兹参加了自制计算机俱乐部,开始了与外界的接触。在那里,他知道了许多他从来不知道的东西:阿塔里(Altair)计算机、8008 和 8080 芯片……

　　"自制计算机俱乐部改变了我的生活!"沃兹这么说。

　　这期间,在一次同学聚会上,沃兹通过费尔南德兹的介绍,结识了他一生中最重要的朋友,一个沉默寡言、留长发的男孩——斯蒂夫·乔布斯。

　　乔布斯的父亲是一位大学教授,母亲是一名颓废派艺术家。在乔布斯刚刚出世的时候,父母就无情地遗弃了他。后来,多亏一对好心的夫妇收留了这位可怜的私生子。

　　乔布斯的养父是一名技师,养母则在一个学校当秘书。他这个几十年后享誉全球的名字——斯蒂夫·乔布斯,就是养父母为他取的。

　　学生时代的乔布斯,好像和沃兹是一对"双胞胎"——他也聪明、顽皮,肆无忌惮,常常喜欢别出心裁地搞出一些让人啼笑皆非的恶作剧。他和养父母一家生活在硅谷一带,10 岁就开始迷恋上电子学。结识了沃兹以后,就经常一起去参加自制计算机俱乐部的活动,这对发明"苹果"个人电脑,产生了很大的影响。

自从"奶油苏打水"当面丢丑之后，沃兹对研制计算机更加痴心不改。他发现，包括阿塔里在内的许多计算机都与他的"奶油苏打水"相差无几。于是他暗下决心，让"奶油苏打水"起死回生。

1976年的一天，沃兹看到一则广告，说是在一个计算机展览会上出售6502微处理器芯片，售价仅20美元。

"将微处理器配上存储器和外围设备，不就组成一台微型计算机了吗？它不但要有硬件，还必须配有软件。"沃兹把他的这个想法告诉了乔布斯，两人一拍即合，说干就干，立即买来"6502"。

有了"奶油苏打水"的那次死亡换来的经验教训，一台新式电子计算机——个人电脑顺利诞生。

"要给这台计算机起一个好听点的名字。"沃兹说。

"就叫'苹果'吧！苹果红彤彤、甜滋滋的，既好看又好吃。而且，以后我们办公司，在按字母顺序排列的电话簿里，'苹果'（Ap－ple）可以排在'阿塔里'（Altair）公司之前。"乔布斯建议说。

沃兹点头同意——"苹果Ⅰ"型电脑"初出茅庐"。

接着，在乔布斯的鼓动下，两人合办了"苹果电脑公司"（Apple computer）。为筹集批量生产的资金，乔布斯卖掉了自己的旧大众牌小汽车，筹得1 000美元。同时，他还劝说沃兹也卖掉了他珍爱的"惠普65"型计算器。就这样，他们有了奠基伟业的1 300美元。

"苹果Ⅰ"上市后，销售情况良好，使得新生的"苹果"一下子就收入18万美元。

初战告捷，老板乔布斯希望有更多的资金来开发新型电脑，扩大生产经营规模。他充满发展潜力的计划，终于打动了风险投资者——百万富翁马克·库拉。

富有远见的库拉，不仅自己拿出近10万美元入股，还用自己的影响四处游说其他风险投资者与银行家，终于筹集到近百万美元的资金。

1977年4月16日，美国西海岸计算机展示会开幕了。"苹果"的展位拥来了成千上万的观众，展台几乎被挤翻——大家要争睹首次公开露面的新产品"苹果Ⅱ"的风采。这种有着淡灰色塑料外壳的新型电脑，虽然只有 5 千克，但性能技术指标却已达到当时微机技术的最高水准。它还是有史以来第一台有彩色图形界面的微电脑，被誉为人类正式进入个人计算机时代的里程碑。这么好的东西，定价却只有 1 298 美元。于是订单被一抢而空，"苹果"当年就赢利 250 万美元。

此前，财大气粗的"蓝色巨人"对"苹果"，是"连眼角都不会转过去瞅一瞅"的。而此时面对"苹果冲击波"，感到"落花流水春去也"的 IBM 也瞠目结舌了。更不能容忍的是，"苹果"居然进了美国《幸福》杂志评选的世界 500 强；而"坏小子"乔布斯，竟然蓄着小胡子出现在《时代》杂志封面上咧嘴傻笑——就像在嘲笑自己的无能1

1979 年拥有 280 亿美元营业额的 IBM，哪会轻易服输！1980 年刚过一半，IBM 公司董事长弗兰克·卡利就召集公司高层商量对策。结果，就有了前面 1981 年 8 月 12 日 IBM PC 机的"从天而降"。

1981 年，"苹果"的销售额已经达到 3.35 亿美元。1982 年，更达到 5.83 亿美元；而 IBM PC 机也在这一年卖出了 25 万台，并以每月 2 万多台的销售速度接近了"苹果"。

1983 年 1 月，"苹果"推出世界上第一台商品化的图形用户界面的个人电脑——世界上首先配备鼠标的"丽萨"（Lisa）。

1884 年 8 月 14 日，IBM 又把更先进的 IBM PC/XT 机投向市场。从此，个人电脑开始了"286"、"386"、"486"……的接力赛。

1985 年，因为和自己聘来的首席执行官斯卡利意见相左，近 30 岁的乔布斯被迫负气"离'家'出走"。4 年后，乔布斯开办了软件公司 Next。

英特尔公司对半导体芯片的开发，掀起了"PC 狂热"，特别是它在 1990 年初开发的 P5 微

"丽萨"

处理机，成了日后扬名天下的"奔腾"。

1996 年 12 月 17 日，乔布斯"荣归故里"——以早就"风光不再"的"苹果"收购 Next 的形式。

......

1982 年 11 月，康柏公司推出了手提电脑——1996 年，美国的《电脑》杂志这么说。不过，对这一款 28 磅（1 磅约 454 克）的笔记本电脑的雏形，IBM 却不承认它是笔记本电脑的 №1。它坚持认为，自己在 1985 年推出的一台 "PC Convertible" 膝上电脑，才是笔记本电脑的

笔记本电脑

开山鼻祖。而日本人则认定东芝公司在 1985 年开发的 T1000，才能享受世界笔记本电脑的№1 的荣誉；T1000 采用了英特尔 8086 的 CPU（中央处理器），512kb 的 RAM（随机存储器），9 英寸单色显示屏，没有硬盘，但能运行 MS－DOS 操作系统。

1995 年 8 月 24 日，微软向全世界推出划时代的 Windows95 操作系统。

这是一个电脑的"春秋战国"时代。拉锯战造就了"各领风骚数百周"。"你方唱罢我登场"，是这个高科技时代的典型特征。"春去春会来，花谢花会再开 ……"是我们献给开拓创新者的歌……

这是一个"优胜劣汰"的时代。"要创造人类的幸福，全靠我们自己……"是披荆斩棘者应该永远唱响的歌。

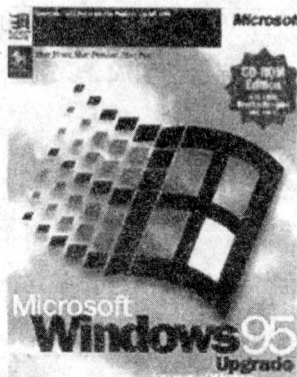

Windows95 操作系统

电脑的发展，真是一日千里。例如，在 2005 年上半年，《国际先驱导报》就报道了一则让电脑迷们"心潮澎湃"的消息：一种新型存储器可以使电脑的开机时间由原来的几分钟，缩短为 1 秒！